中国民航飞行员
胜任力训练基本问题研究

张雪松　宋午阳　曾身殷强　张智雄　黄冠　赵晨　徐楸爽　李文栋 / 著

西南交通大学出版社
·成 都·

图书在版编目（CIP）数据

中国民航飞行员胜任力训练基本问题研究 / 张雪松等著. —成都：西南交通大学出版社，2020.8

ISBN 978-7-5643-7608-6

Ⅰ. ①中… Ⅱ. ①张… Ⅲ. ①民用航空－飞行员训练－研究－中国 Ⅳ. ①V323.1

中国版本图书馆 CIP 数据核字（2020）第 166618 号

Zhongguo Minhang Feixingyuan Shengrenli Xunlian Jiben Wenti Yanjiu

中国民航飞行员胜任力训练基本问题研究

张雪松　宋午阳　曾身殷强　张智雄
黄　冠　赵　晨　徐楸爽　李文栋　著

责任编辑　刘　昕
封面设计　原谋书装
出版发行　西南交通大学出版社
（四川省成都市金牛区二环路北一段 111 号
西南交通大学创新大厦 21 楼）
发行部电话　028-87600564　028-87600533
邮政编码　610031
网　　址　http://www.xnjdcbs.com
印　　刷　四川煤田地质制图印刷厂
成品尺寸　185 mm × 260 mm
印　　张　16.25
字　　数　364 千
版　　次　2020 年 8 月第 1 版
印　　次　2020 年 8 月第 1 次
书　　号　ISBN 978-7-5643-7608-6
定　　价　98.00 元

课件咨询电话：028-81435775

编　委　会

序

FOREWORD

民航运输是国家和地区交通运输系统的重要组成部分，也是国民经济的重要战略性产业。改革开放四十多年以来，中国民航发展取得了巨大的成就，行业规模显著扩大，安全水平不断提升，服务能力稳步提高，从航空运输大国向航空运输强国的跨越正加速推进。2019 年完成运输总周转量 1 360 亿吨千米（t·km），继续稳居世界第二。截至 2020 年 5 月，实现运输航空安全飞行 117 个月、8 348 万小时（h），创造了我国民航历史上最长的安全记录，运输航空百万架次重大事故率十年滚动值降至 0.03（世界平均水平为 0.39）。与此同时，中国开始参与国际民航标准的制定，拥有了一定的主导权、话语权，逐步具备引领国际民航发展的创新能力。

2019 年，民航局出台了《关于全面深化运输航空公司飞行训练改革的指导意见》，提出“到 2030 年，将全面建成支撑有力、协同高效、开放创新的新时代中国特色飞行训练体系，飞行训练研究能力、实施能力、创新能力、可持续发展能力和国际影响力位于世界前列”。回顾我国民航飞行员培养历史，20 世纪 90 年代以前沿用的是苏联飞行员培养模式，90 年代以后开始按照 ICAO（国际民航组织）附件一的要求，借鉴西方标准，构建了完整的执照培训体系，一直沿用至今。目前，我国飞行培训的法规体系虽然比较完善，但体系的核心还是遵循 20 世纪 40 年代出台的 ICAO 附件一“人员执照的颁发”，培训思路是依靠基于科目和时间的积累达到获取执照所需的技能。我们的规章借鉴西方的痕迹还很重，飞行员培训理念滞后于行业发展的需求，建立适合我国国情，引领世界标准的民航职业飞行员培训体系，还有一条很长的路要走。

为适应我国民航高速发展的需求，民航飞行员的培养模式要与时俱进，笔者认为必须实现 3 个转变，即培训理念上，从执照飞行员到职业飞行员培养的转变；训练方式上，从基于科目和时间的积累到基于核心胜任能力训练的转变；管理模式上，从飞行员培训分阶段管理到全生命周期管理的转变。改革开放以来，通过借鉴西方法规标准，我们走上了追赶型跨越式的发展道路，随着我国民航整体实力的提升，现在我们拥有了参与国际标准制定的底气和能力。一方面我国与个别西方国家国情不同，大部分飞行学生通过培训后直接进入运输航空公司，对人才要求的标准更高，单纯的执照培训已经满足不了人才素质的需要。另一方面国际民航组织现行飞行员培训的标准体系适用于部分西方国家，在我国的实践中不适应性日益凸显。从全球范围来看，无论是受到国土面积限制还是通用航空发展制约，飞行员无法通过通用航空的时间经历的积累达到从事运输航空资质要求的国家有很多，需要通过职业飞行员的培养达到这个目的，这与我国国情类似。因此，走出一条中国特色的民航职业飞行员培养之路，为国际民航提出飞行员培养的中国方案是我们的现实需求，也是民航大国的责任担当。

中国民航飞行学院作为全球民航飞行员培养规模最大、能力最强、水平最高的特色高校，被誉为中国民航“飞行员的摇篮”。经过一代代人的努力，构建了完整的民航职业飞行员训练体系，实现了从飞行学生到航线运输机驾驶员的无缝衔接。近年来，学院坚持“以飞为主，高质量发展”战略，组织飞行和理论专家组建了 ATRD（Advanced Training Research and Development）团队，以基于能力（Competency-Based Training，CBT）和基于实证（Evidence-Based Training，EBT）的训练理论为基础，结合 60 余年丰富的飞行训练实践，把大量的训练数据分析作为切入点，以学员在训练过程中可观察的行为（Observable Behaviour，OB）为核心，对中国民航飞行员从零开始的核心胜任力培养课题进行了深入研究，经过多年的努力，初步形成了“溯源训练管理体系”的研究成果。此次出版的《中国民航飞行员胜任力训练基本问题研究》以 2014—2019 年所收集的训练数据为基础，分析整理后提炼出了飞行人员胜任力训练与评估方法，为飞行训练行业如何落实“基于胜任力训练”理念提出指导性意见。其中一些新的培训理念虽然国外也有研究，但还停留在理论阶段，知识体系也是碎片化的，更没有切实可行的操作路径。而本书分析了我国飞行员培训行业的发展过程、实施现状和未来展望，以“从零构建飞行员核心胜任力”为目标，研究了“基于胜任力训练”理论依据，提出了建设具有中国特色的、基于核心胜任力的训练体系的方法和路径，是我国第一本聚焦民航飞行员核心胜任力训练相关课题研究的成果，非常有意义，非常有价值。

一种新的培训理念的提出，不仅涉及科学的问题，需要把它研究透，更重要的是如何把它运用到实践中。据笔者了解，中国民航飞行学院 ATRD 团队在理论研究的基础上，开始对新的“航线运输驾驶员整体课程”和“高性能过渡训练课程”等进行研究开发，既满足了飞行学院“高质量发展”的要求，也保证了民航局《关于全面深化运输航空公司飞行训练改革的指导意见》在院校培训过程中的具体落实，对行业有一定的指导意义和引领作用，对我国今后飞行培训规章标准的修订也有借鉴意义。“路漫漫其修远兮”，希望 ATRD 团队继续努力，不断推出新的研究成果，为我国民航飞行员培训事业做出贡献，为我国在国际民航舞台上发出中国声音提供支持。

欧阳霆

2020 年 5 月

前言

PREFACE

本书是我国第一本聚焦民航飞行员胜任力训练相关问题研究的材料，通过梳理中国某知名飞行员培训机构多年来的教学实践和研究成果，汇总分析了我国飞行员培训行业“基于胜任力训练”的发展过程、实施现状和未来展望。

本书内容覆盖面广，涉及的研究时间跨度长，因此作者按照研究开展的时间顺序，对内容进行了排序。并且，为了原汁原味地呈现研究历程，未对各部分原稿进行过多整合或改动。同时，各部分相对的独立性和完整性让读者能够按需选择章节进行阅读。本书分为 5 个篇章，全部由从事一线飞行教学的飞行教员完成。

第 1 篇为中国民用航空飞行人员胜任力训练数据分析报告。该报告由独立的研究团队完成，分析了 2014—2019 年国内某知名飞行员培训机构的训练数据，包括航线运输驾驶员整体训练大纲、MPL 大纲、高性能训练大纲，以及共计 440 人次的教员培训情况。该团队希望通过对比分析，提炼基于胜任力训练方法在我国实践的经验和总结。

第 2 篇为飞行员核心胜任力培训指导手册。以前述数据分析报告为基础，研究团队研制了一套可以满足基于胜任力训练要求的课程开发工具——飞行员核心胜任力培训指导手册（Guidance Manual for Pilot Competencies Training）。该手册系统地阐述了核心胜任力的起源、相互关联和构建、课程编制方案和核心胜任力评估基础方法。

除课程开发的功用外，该手册还介绍了如何从“胜任力”角度进行事故分析，精确定位事故中“人的因素”和“胜任力缺失”之间的关联。

第 3 篇为溯源训练理念。2017 年，国内某知名飞行员培训机构启动了“飞行教员资质能力提升培训”课程，借鉴循证训练（Evidence-Based Training，EBT）理念，对全体飞行教员进行了基于胜任力训练理念的宣贯和基础理论培训。

虽然“飞行教员资质能力提升培训”课程对该机构飞行教员教学水平提高、理论知识更新起到了促进作用，但是课程的大规模实施暴露出 EBT 在我国“水土不服”的问题。作为完全由国外输入的训练思想，是否符合我国飞行员培训的实际情况是值得思考的问题。

2020 年，该机构对“飞行教员资质能力提升培训”课程训练情况进行了总结，并决定以飞行员核心胜任力培训指导手册（Guidance Manual for Pilot Competencies Training）为指导，建立一套符合我国国情的飞行员胜任力训练体系——溯源训练管理体系。该体系既可以满足航空业对飞行员迫切的胜任力需求，也可以实现民航局 39 号文《关于全面深化运输航空公司飞行训练改革的指导意见》的落地。与 EBT 亡羊补牢式的胜任力培养模式不同，借助该训练体系，我国的飞行员培训将实现“从零构建飞行员胜任力”。

第 4 篇为胜任力评估工具 CET（Competency Evaluation Tool）。随着国内某知名飞行员培训机构逐步跨入基于胜任力训练时代，如何建立“飞行员技能全生命周期”的胜任力评估，成为了不能回避的话题。

CET 的开发研究，正是瞄准了这一痛点，提出了一种切实可行的解决方案。以实证为基础，该工具通过整合课程开发、场景设计、绩效指标、过程评估和最终评估，形成了一套完整的飞行员胜任力评估链条。

此外，整合软件技术和大数据分析后，CET 可以实现飞行学员胜任力成长轨迹预测、飞行员作风养成预测、事前评估飞行员是否胜任特定飞行任务、追溯飞行员胜任力缺失源头等功能，以此实现“飞行员技能全生命周期”管理。

第 5 篇为示例：符合基于胜任力训练理念的课程节选——50 h 高性能多发飞机课程提纲。本部分综合前述 4 个篇章的内容，由国内某知名飞行员培训机构编写完成了 50 小时（h）高性能多发飞机课程训练大纲（新版本）。作者节选了其中部分内容，希望读者能够以此为例，更好地理解全书主要思想。

由于作者水平有限，书中难免存在疏漏之处，敬请读者批评指正。

张雪松

2020 年 3 月

目录

CONTENTS

第1篇

1 研究结论汇总和快速问答 ······ 002

1.1 结论汇总 ······ 002

1.2 快速问答 ······ 002

2 综　述 ······ 004

3 研究团队简介 ······ 005

4 基于胜任力训练的关键概念速览 ······ 006

4.1 9 项胜任力的由来和发展 ······ 006

4.2 9 项胜任力的评估 ······ 007

4.3 基于胜任力的训练和评估（CBTA） ······ 007

4.4 威胁与差错管理（TEM） ······ 008

5 研究数据来源和研究方法 ······ 009

6 作为数据来源的主要训练课程简介 ······ 010

6.1 航线运输驾驶员（飞机）整体训练课程大纲+高性能多发飞机课程训练大纲 ······ 010

6.2 多人制机组驾驶员训练大纲（MPL） ······ 010

6.3 某培训机构的飞行教员培训 ······ 011

7　某培训机构训练数据报告及相关分析 …… 012
7.1　ICAO 和 EASA 推荐的胜任力、描述及其可观察的行为（OB） …… 012
7.2　统计结果 …… 014
7.3　某培训机构的飞行教员培训 …… 015
7.4　某培训机构教员技术胜任力的过度发展 …… 015
8　研究结论 …… 017
8.1　9 项胜任力不是平行关系，需要进行分级培养 …… 017
8.2　可观察的行为（OB）研究和分级 …… 019
8.3　与作风相关的 OB …… 022
9　我国民航规章的数据报告及相关分析 …… 023
10　MPL 课程实施情况的分析和总结 …… 025
10.1　MPL 实践中出现的问题 …… 025
10.2　MPL 课程的贡献 …… 026
11　基于胜任力训练的设计思路和方法 …… 027
附件 1　学员统计表格 …… 028
附件 2　咨询通告统计表格 …… 037

第 2 篇

序　言 …… 040
术　语 …… 042
缩略语 …… 044
引　言 …… 046
1　核心胜任力的起源和通用概念 …… 047
2　关于飞行员核心胜任力 …… 049
3　飞行员核心胜任力相互关系和构建 …… 053
4　飞行员核心胜任力培养课程编制方案 …… 059
5　飞行员核心胜任力与 TEM、REASON 模型 …… 069
6　飞行员核心胜任力评估基础方法 …… 074
7　飞行员核心胜任力在 UPRT 课程的养成 …… 076
附　件 …… 079

第3篇

引　言……………………………………………………………………………………… 092
1　中国民航飞行员培训现状……………………………………………………………… 093
2　问题与研究 …………………………………………………………………………… 096
3　胜任力描述与可观察的行为…………………………………………………………… 102
4　构建溯源训练体系……………………………………………………………………… 116

第4篇

引　言……………………………………………………………………………………… 120
1　CET 评估矩阵示例 …………………………………………………………………… 121
2　胜任力评估工具（CET）……………………………………………………………… 124
　2.1　评估的方法和思路 ………………………………………………………………… 124
　2.2　具体用途及优越性 ………………………………………………………………… 128
附件 1　基于胜任力的课程设计思路及培训方法简介………………………………… 132
附件 2　“实施细则”与 OB 的对应示例 ……………………………………………… 133

第5篇

1　新版大纲的相关改进…………………………………………………………………… 142
2　教员和学员必读………………………………………………………………………… 143
　2.1　基于胜任力训练 …………………………………………………………………… 143
　2.2　故障的类同性 ……………………………………………………………………… 143

2.3 进近类别的类同性 ······ 144
2.4 高空高速运行特点和飞行包线 ······ 145
2.5 能量状态和能量管理 ······ 145
2.6 复杂状态改出 ······ 146
2.7 在 20 h 大纲基础上新增内容的简介 ······ 146
3 训练目的 ······ 148
4 课程结构 ······ 149
4.1 地面课程 ······ 149
4.2 模拟机训练课程 ······ 150
4.3 飞机训练课程 ······ 150
5 大纲执行过程中相关问题的解释 ······ 151
5.1 训练进程控制和科目安排 ······ 151
5.2 课程评估 ······ 151
5.3 复杂状态改出训练模块的使用 ······ 152
5.4 情景训练模块（FFS 05-FFS 11）的实施 ······ 152
6 进入条件 ······ 153
7 课程声明 ······ 154
8 地面课训练提纲 ······ 155
8.1 GL 01（5 h 30 min） ······ 155
8.2 GL 02（3 h 30 min） ······ 155
8.3 GL 03（2 h 30 min） ······ 156
8.4 GL 04（3 h） ······ 157
9 飞行训练提纲 ······ 158
9.1 基础训练模块 ······ 158
9.2 情景训练模块 ······ 179
附件 1 CE-525 等效故障清单 ······ 197
附件 2 等效进近方法 ······ 200
附件 3 高性能飞行考试容许误差 ······ 201
附件 4 高性能飞机训练考试工作单 ······ 202
附件 5 地面课程清单 ······ 204
附件 6 复杂状态改出训练 ······ 207
附 6.1 复杂状态改出基础练习——CE-525（1 h） ······ 207
附 6.2 涡轮螺旋桨飞机复杂状态改出——MA600（1 h） ······ 209
附 6.3 大型后掠翼运输飞机（100 座及以上）
复杂状态预防和改出——A320（1 h） ······ 226
参考文献 ······ 247
结束语 ······ 248

第1篇

中国民用航空飞行人员胜任力训练数据分析报告（2014—2019年）

1　研究结论汇总和快速问答
2　综　述
3　研究团队简介
4　基于胜任力训练的关键概念速览
5　研究数据来源和研究方法
6　作为数据来源的主要训练课程简介
7　某培训机构训练数据报告及相关分析
8　研究结论
9　我国民航规章的数据报告及相关分析
10　MPL 课程实施情况的分析和总结
11　基于胜任力训练的设计思路和方法
附件1　学员统计表格
附件2　咨询通告统计表格

1 研究结论汇总和快速问答

这是一份完全由飞行教员编写的研究报告。因此，本着“简明实用，便于理解”的飞行教学原则，现对下文所述的研究结论进行汇总，并就研究成果回答行业关心的部分问题。

1.1 结论汇总

（1）飞行员所需的胜任力可以从零开始培养，但须按照一定的先后顺序；

（2）完善的教学、评估、培训体系及运行控制是“基于胜任力训练”课程成功的前提；

（3）训练实践表明，不仅胜任力可以分级，其对应的可观察的行为（OB）也有基础、进阶之分；

（4）接受传统训练方法的学员不常展示进阶 OB，他们更倾向依靠基础胜任力或基础 OB 完成飞行任务；

（5）我国民航运行规章和训练规章对飞行人员的胜任力要求不同步，总体上看运行规章对飞行人员胜任力要求较高，仅满足训练规章的培训课程无法弥补“训练”和“运行”之间的鸿沟；

（6）传统训练方法过度培养了飞行人员的技术胜任力。骄傲自满、漠视 SOP 等不利表现的成因，往往是飞行人员技术胜任力的过度发展，同时缺乏对其非技术胜任力（CRM）的培养；

（7）“飞行运行作风”与非技术胜任力（CRM）有强关联，其中，高阶胜任力占了很大比例；

（8）以训练某一胜任力为目标而设计课程不具备可操作性（无法进行合理的场景设计和有效评估），可观察的行为（OB）才是基于胜任力训练课程的开发核心；

（9）统计、归类可观察的行为（OB）的思路，可以对任意目标和内容（例如法规、AC、运行手册、事件和事故）开发针对性的、定制的基于胜任力训练课程。

1.2 快速问答

问：被航空公司诟病多年的“学生质量差”“学生不会看航图”，原因是什么？

答：学生质量差是因为胜任力的缺失。统计分析显示，高级胜任力和进阶 OB 在传统课程学员身上展现较少，而这些恰恰是航空公司运行的迫切所需。以“学生不会看航图”为例，除了极少数的学员，绝大部分学员不存在阅读信息和符号的障碍。然而，学员在什么时候，该看什么图，看图上的什么信息，信息需要如何进行加工，用什么方式将处理过的信息传递，如何确保传递出去的信息起到了期望的作用等，这一系列活动不仅仅是“看”这么简单。学员不是不会看图，而是缺乏针对高阶胜任力和进阶 OB 的训练。

（详见 P18，胜任力分级依据二：学员的统计数据）

问：继续使用现有的训练方法，能否让飞行人员的胜任力满足运行要求？

答：不能。即便继续提高现有训练方法的质量，哪怕训练科目和时间执行率达到 100%，仍无法达到实际运行需求。举例来说，AC-121-FS-2018-130《飞行运行作风》内对飞行人员的行为要求，非技术胜任力占比达到 72%，高级胜任力占比达到了 43%。值得注意的是，在 AC 描述的行为中，对飞行人员的手动、自动飞行技能无要求。通过对比现行规章和训练数据，可以得出的结论是，忽略了胜任力的构建和评估，我国目前的训练手段明显落后，与“基于胜任力的训练”存在代差。

（详见 P23，我国民航规章的数据报告及相关分析）

问：循证训练（EBT）、多人制驾驶员执照训练（Multi-Crew Pilot License，MPL）是否都属于“基于胜任力训练”？它们之间有什么区别和联系？

答：EBT、MPL 都属于基于胜任力训练。国外航空公司招募飞行员渠道广泛，除了设置较高的经历时间门槛（1 500 ~ 2 000 h）以外，各公司还用 EBT 训练在职飞行员，利用培训/复训的机会补齐已具备运行资质人员的胜任力缺失。因此，EBT 属于“亡羊补牢”的事后手段。

MPL 针对多人制机组副驾驶的培养，从执照培训阶段开始养成学员多人制运行需要的胜任力，属于“构建式”的胜任力培养方案。

EBT、MPL 的最终目标，都是让飞行员具备 9 项胜任力，安全、经济、高效地运行一架航空器。

问：基于胜任力训练未来有哪些发展和应用？

答：基于胜任力训练已经应用于复杂状态预防和改出训练（Upset Prevention and Recovery Training，UPRT）、飞行员实训（EBT）、执照培训（MPL），由胜任力驱动的威胁与差错管理模型（TEM）也在各种运行中被广泛使用。

未来，更多的课程和培训（如教员培训、机长培训等）将会应用基于胜任力训练的方法。

2 综 述

本独立研究报告收集了 2014—2019 年，国内某知名飞行员培训机构的 100 名学员、340 名教员的训练数据。数据的分析指向了某些值得注意的结论，可以为其他训练机构或航司基于胜任力训练的开展提供参考。

早在 2006 年，国内某知名飞行员培训机构便开设了中国第一个体现了基于胜任力（时称“基于能力的训练”）的飞行员训练课程——多人制机组驾驶员训练（MPL）。该课程的开展不仅为飞行学员提供了全新的培训模式，还更新了该机构内部分飞行教员的教学理念和教学思路。因此，伴随着 MPL 课程的推进，基于胜任力训练这一先进理念逐渐对该飞行员培训机构（以下简称“培训机构”）整个训练体系产生了一定的影响。

另外，即便该培训机构其他课程没有运用基于胜任力理念进行设计，但其 60 余年的教学实践经验仍然值得研究和分析——传统的飞行训练是否培养了飞行员所需的胜任力？如果有，训练到了什么程度？如果没有，我国民航业是如何实现如此优秀的安全记录？

为了探究基于胜任力训练的训练效果，研究团队跟踪分析了 2014—2019 年该培训机构的飞行员训练情况，希望提炼出训练方法在我国进行实践的经验和总结。

注：本研究为独立开展的自愿参与项目，其规划和实施并未受到调查对象官方主导。报告的最终结论仅代表研究团队的单方面研究成果，不代表任何官方立场。

3 研究团队简介

研究团队初期成员由 141 部训练机构教学一线的飞行教员自愿组成，包含整体训练大纲带飞教员、高性能训练带飞教员、MPL 课程带飞教员。部分成员具备课程检查教员或局方委任代表资质。团队成员除了有较为丰富的飞行教学经验（总共约 2.74 万 h 飞行经历时间，教学时间超过 5.5 万 h），还对国内外先进的飞行教学方法保持跟踪。并且，长期处于一线教学环境也方便了研究团队进行调查和研究工作。

经历近十年的发展，本团队逐渐发展成为包括机关飞行管理人员、一线教学人员、各学科理论专家的研究型队伍，始终致力于推动中国民用航空飞行员培训行业的发展和进步。

2018 年，研究团队正式采用了 ATRD（Advanced Training Research and Development）的命名。至今，ATRD 拥有 14 名主要团队成员，并且仍然采用自愿参与和独立运作的机制。

4 基于胜任力训练的关键概念速览

为了便于读者理解这篇研究报告，下面将简明扼要地阐述在“基于胜任力训练”讨论中出现的相关概念。

4.1 9 项胜任力的由来和发展

欧洲研究团队对全球（不含中国）数千名熟练飞行员进行了调查，询问好的飞行员应该具备怎样的品质。综合并总结调查结果后，该团队认为，好的飞行员应具备①知识、② 程序的应用、③ 沟通、④ 飞行轨迹管理——手动飞行、⑤ 飞行轨迹管理——自动飞行、⑥ 领导力和团队合作、⑦ 问题的解决和决策、⑧ 情景意识、⑨ 工作负荷管理这 9 项胜任力。

2003 年 02 月 11 日欧洲发表了非技术技能研究最终报告 *NOTECHS final report*，全球对于飞行人员胜任力的认识和分类逐渐统一：

（1）胜任力的定义是按照规定标准执行任务所必需的技能、知识和态度的组合；

（2）9 项胜任力源自飞行人员的知识 + 技能 + 态度（KSA）；

（3）9 项胜任力分为知识（技术类知识和非技术类知识）、技术胜任力（技术类知识、程序的执行、手动飞行、自动飞行）和非技术胜任力（沟通、领导力和团队合作、问题的解决和决策、工作负荷管理），其中非技术胜任力统称为机组资源管理（CRM）；

（4）9 项胜任力是威胁和差错管理（Threat and Error Management，TEM）中所有对策（Countermeasure）的来源，胜任力的缺失将导致飞行员运行过程中安全水平出现下降。

需要注意的是，时至今日 ICAO 仍将胜任力划分为 8 项，主要差异在于 ICAO 把知识与程序的执行两项胜任力合并为一项——程序的执行和知识（APK）。然而这一种分类方法给课程设计和相关评估带来了一定困难。例如，新学员或者新副驾驶执行程序非常严格，但他们可能不清楚执行这一程序背后的知识，即便他们按要求完成了程序，仍不能说明他们的知识水平同样满足要求。因此，目前主流的基于胜任力训练课程都是按照 9 项胜任力的分类执行。

2018 年 8 月 29 日，ICAO 发布了国家信函（*ICAO State Letter*，ICAO Ref.：AN 12/59.1-18/77），对胜任力定义、胜任力名称及描述进行了更新。

胜任力定义更新为胜任力是人类绩效的一个方面，能够用于可靠地预测工作中的成

功表现。胜任力是明显的，能够通过实施活动或任务（特定条件下）过程中产生的行为（受相关的知识、技能和态度驱使）被观察到。

（1）程序的执行和遵守规章：识别并应用符合公布操作指南和相应规章的程序。

（2）沟通：无论处于正常或非正常情况，都能在运行环境中使用恰当的方式进行沟通。

（3）飞行轨迹管理——自动飞行：使用自动化控制飞行轨迹。

（4）飞行轨迹管理——手动飞行：使用手动控制飞行轨迹。

（5）领导力和团队合作：影响他人为共同目标作出贡献。依靠合作达成团队的目标。

（6）问题的解决和决策：识别征兆，缓解困难并制定决策。

（7）情景意识和信息管理：察觉、理解、管理信息并预见其对运行的影响。

（8）工作负荷管理：合理利用资源来制定任务的优先级和分配任务，以保持足够的工作负荷余量。

以及欧洲航空安全局（EASA）提出的

（9）知识的应用：展现与信息、操作指南、飞机系统和运行环境相关的知识和理解。

与此同时，胜任力相关的可观察的行为（OB）也同步进行了更新，详情可查阅 ICAO 发布的国家信函所含内容。

4.2 9 项胜任力的评估

结合上文所提到的对策，在没有特定环境或训练事件的限制下，可以认为对策等效于可观察的行为（OB）。如果飞行员通过表现出的可观察的行为（OB）达到了预期的结果，则可以认为该飞行员展现了期望的绩效（Performance）。

以观察行为评估飞行员胜任力的好处在于，不再以飞行参数容差为准则，“一刀切”的评价飞行员的技术和非技术胜任力，因此明显优于以运动技能为主导的评价方法。

然而，以观察行为对飞行员进行胜任力评估的困难在于

（1）同一机组产生的包含了多个胜任力特征的一组行为，不同教员/评估人员的结论可能指向不同的胜任力；

（2）不同环境或训练事件的组合，可能导致机组同一胜任力的展现不稳定，不能肯定该机组是否具备所需的胜任力。

某培训机构 MPL 课程实施的主要困难之一便是如何评价学员的胜任力，下面将对此进行详细讨论。

4.3 基于胜任力的训练和评估（CBTA）

基于胜任力的训练和评估，重点表现为以绩效为导向的训练和评估，强调绩效标准

及它们的测量结果，并按照特定的绩效标准开展训练。

在 20 世纪 50 年代末期到 60 年代，一些教学系统设计和系统训练方法（SAT）开始应用于各种训练课程设计，形成了多种结构化、基于绩效的训练方案。此外，基于胜任能力的训练和评估，必须立足于可观察到的行为或结果。ICAO 基于胜任力的训练课程，多是以教学系统设计（Instructional System Design，ISD）模型为基础。然而，人们也承认有其他的教学系统设计模型可能同样适用，只要这些方法包含指导需求分析、设计和制作、评价这 3 个基本要素。

某培训机构开展的 MPL 课程（2006 年 11 月被 ICAO 航行委员会正式采用）是基于胜任力的训练和评估在飞行员执照培训阶段的应用。

4.4 威胁与差错管理（TEM）

威胁与差错管理（TEM）模型是一个概念性的框架，它帮助我们从运行的角度来理解在动态和复杂的运行环境中安全和人的表现之间的内部关系。作为一种安全分析工具，它在进行事故/事故征候分析时，能够关注单个事件，或是在运行审计时对几个事件进行系统化分析。

从飞行机组的角度来看，威胁与差错管理模型有 3 个基本部分：威胁、差错和非预期的航空器状态。威胁与差错管理为机组提供了从战略层面审视飞行进程的视角，让机组明白，对于威胁、差错的不同发展阶段，须使用相应的管理手段以消除不利结果。

举例来说，气象预报表明航路有中度以上积冰（环境威胁），机组如未发现此威胁则有可能使飞机飞入积冰条件而未开启防除冰设备（飞机操作差错），从而导致飞机空速衰减（非预期航空器状态）。这一事件中机组可以采取威胁管理（绕飞、更换巡航高度层）、差错管理（开启防除冰设备并脱离结冰区域）、非预期航空器状态改出（恢复空速或下降高度）等措施来消除不利结果（飞机失控、撞地）。

值得注意的是，虽然前述措施均能避免最坏结果，但是机组保持的安全水平却并不相同。通常来说，非技术胜任力多运用于“威胁管理”，使得机组可以在事故链早期将其阻断，从而维持较高的安全水平。因此，MPL 课程训练的重点，便是培养学员非技术胜任力。

更多关于威胁与差错管理的内容，可参阅国际民航组织（ICAO）Doc 9683 *Human Factors Training Manual*。

5 研究数据来源和研究方法

本研究的数据来源主渠道主要包含但不仅限于

（1）研究对象官方发布的情况通报；

（2）研究对象官方发布的民航明传电报；

（3）研究对象官方组织的公开会议纪要；

（4）飞行教员、飞行学员自愿报告；

（5）问卷调查；

（6）面向飞行教员、飞行学员的专题访谈；

（7）飞行教员工作日志；

（8）飞行学员训练记录；

（9）飞行学员考试/检查不通过记录及补充训练申请单；

（10）飞行训练数据系统的报表和记录；

（11）飞行教员培训数据。

主要研究方法主要包含但不仅限于

（1）文献研评；

（2）行为事件访谈；

（3）调查法；

（4）观察法；

（5）团体集中讨论；

（6）借助网络技术的调研；

（7）试验对比。

从胜任力概念的提出（1973 年 DAVID C McCLELLAND *Testing for Competence Rather Than for "Intelligence"*）直至应用于民用航空领域，经历数十年发展，其概念定义也在持续更新。

注：因调查研究时间跨度较长，因此研究团队保持了对标志性文献的持续追踪，对研究数据的分类、统计周期性的进行了更新和调整。

6　作为数据来源的主要训练课程简介

作为研究对象的培训机构，为学员提供两条取得121运行副驾驶资质的途径：

（1）“航线运输驾驶员（飞机）整体训练课程大纲”和“高性能多发飞机课程训练大纲”组成的传统执照培训课程（以下简称“传统课程”）；

（2）基于胜任力的训练“多人制机组驾驶员训练大纲（MPL）”。

除此之外，该培训机构还建立了在职飞行教员培训计划——“飞行教员资质能力提升培训课程”。

6.1 航线运输驾驶员（飞机）整体训练课程大纲＋高性能多发飞机课程训练大纲

“航线运输驾驶员（飞机）整体训练课程大纲”的训练，可以让学员获得单发私照（飞机陆地）、仪表等级（飞机）及多发商照（飞机陆地）。其训练时间分布如下：

（1）地面课119 h；

（2）训练器40 h；

（3）飞机训练195 h。

“高性能多发飞机课程训练大纲”总训练时间，根据学员将来运行机型的不同分为20 h［组类Ⅱ起飞全重13 600 kg（含）以下］、50 h［组类Ⅱ起飞全重13 600 kg（不含）以上］。其训练时间分布如下：

（1）地面课129 h；

（2）模拟机10 h（20 h大纲）/模拟机25 h（50 h大纲）；

（3）飞机训练10 h（20 h大纲）/飞机训练25 h（50 h大纲）。

6.2 多人制机组驾驶员训练大纲（MPL）

多人制机组驾驶员执照（MPL）课程的最终目标，是让学员具备在涡轮发动机驱动的商业航空运输飞机上担任副驾驶的资格，持有该执照的人员仅限在多人制机组环境下运行。MPL课程分为基础阶段、初级阶段、中级阶段和/或高级阶段（型别等级改装）。其中，基础阶段和初级阶段的训练由某培训机构负责完成。因此，报告内有关MPL课程数据不包含中级阶段、高级阶段的内容。

MPL 基础阶段（使用 C-172R 机型）训练时间分布如下：

（1）地面课 540 h（另外 450 h 在 ATPL 阶段课时完成）；

（2）训练器 30 h；

（3）飞机训练 95 h。

MPL 初级阶段（使用 CE-525 机型）训练时间分布如下：

（1）地面课 95 h；

（2）训练器 52 h；

（3）飞机训练 15 h。

注：报告中的数据仅涉及在某培训机构开展的 MPL 基础阶段和初级阶段训练。

6.3 某培训机构的飞行教员培训

除了新招募飞行教员的入职前集中培训，某培训机构其余的飞行教员培训始终处于不定期、覆盖面窄的状态。此状况于近年发生了改变。2017 年 11 月，该机构正式启动了以四年为一个周期的教员长期培训计划——飞行教员资质能力提升培训课程。

此计划拟解决的主要技术问题：

（1）目前教学训练课程由大量科目堆砌而成，导致大量学员只会在熟悉的场景和情景中飞行，一旦切换为陌生环境，其科目表现水平就大幅下降。

（2）CCAR-141 部航校的飞行教员对运输航空了解甚少，无法针对运输航空的特点对学员实施教学。

（3）飞行教员职业化水平急需提升，包括持续更新知识和技能、强化其飞行运行作风。

飞行教员资质能力提升培训课程计划分为 Module 1 至 Module 4 共 4 个模块，基于循序渐进的课程设计理念，分别使用 CE525 FTD、A320 IPT、A320 FTD 和 A320 FFS 作为课程模拟训练设备（FSTD）。每个模块的培训耗时约为一周，飞行教员每年完成其中一个模块的训练。

飞行教员资质能力提升培训课程具备明显的基于胜任力的训练课程特征，不仅运用了教学系统设计（ISD）模型，还在底层设计中力求实现对教员、考试员所需的 5 项胜任力进行培养：

（1）Module 1 借助 CE-525 机型，重点向全体教员普及 9 项胜任力，规范教员教学过程；

（2）Module 2 依靠 A320 模拟训练设备，着重引导教员积极与学员互动，主动管理教学环境；

（3）Module 3 及 Module 4 在前述模块基础上，指导教员如何去评估与评价学员的胜任力，尝试培养能够运用“基于胜任力训练理念”进行课程开发的飞行教研人才。

注：教员和考试员所需的 5 项胜任力分为：飞行员核心胜任力（9 项）、教学环境管理、教学过程、与学员的互动、评估与评价。

7 某培训机构训练数据报告及相关分析

对飞行人员胜任力的评估讲求“实证”，可观察的行为（OB）即是评估胜任力的有力证据。下表为 ICAO 和 EASA 推荐的胜任力、胜任力描述及其可观察的行为（OB）。

7.1 ICAO 和 EASA 推荐的胜任力、描述及其可观察的行为（OB）

胜任力	描述	可观察的行为
程序的执行和遵守规章（1）	识别并应用符合公布操作指南和相应规章的程序	OB 1.1 找到程序和规章的来源。 OB 1.2 及时应用相关的操作指南、程序和技术。 OB 1.3 遵守 SOP，除非因安全原因需要适当的偏离。 OB 1.4 正确的操作飞机系统和相关设备。 OB 1.5 监控飞机系统状态。 OB 1.6 服从相应规章的要求。 OB 1.7 应用相关的程序性知识
沟通（2）	无论处于正常或非正常情况，都能在运行环境中使用恰当的方式进行沟通	OB 2.1 确保沟通对象准备好并能够接受信息。 OB 2.2 选择恰当的主题、时机、方式及对象进行沟通。 OB 2.3 专递的信息清楚、准确、简洁明了。 OB 2.4 确保沟通对象展现了对重要信息的理解。 OB 2.5 积极倾听，在接收信息时表示理解。 OB 2.6 提出切题有效的询问。 OB 2.7 恰当使用递进的沟通方式，化解明显的意见不合。 OB 2.8 以符合组织文化和社会文化的方式，使用并领会非言语沟通。 OB 2.9 遵守标准的无线电通信术语和程序。 OB 2.10 用英语正确的阅读、理解、构建和回应数据链信息
飞行轨迹管理——自动飞行（3）	使用自动化控制飞行轨迹	OB 3.1 当针对某些条件已安装并可用时，恰当使用飞管、指引系统和自动化设备。 OB 3.2 监控并发现与期望飞机轨迹之间的偏差，采取恰当的行动。 OB 3.3 安全的管理飞行轨迹以获得最佳运行性能。 OB 3.4 使用自动化保持期望轨迹的同时管理其他任务和干扰。 OB 3.5 根据不同飞行阶段和工作负荷，及时恰当的选择自动化等级和模式。 OB 3.6 有效监控自动化，包括自动化的接通和模式的转换

续表

胜任力	描述	可观察的行为
飞行轨迹管理——手动飞行（4）	使用手动控制飞行轨迹	OB 4.1 在符合当时条件的情况下运用手动准确、柔和的控制飞机。 OB 4.2 监控并发现与期望飞机轨迹之间的偏差，采取恰当的行动。 OB 4.3 运用飞机姿态、速度、推力之间的关联，导航信号或视觉信息手动控制飞机。 OB 4.4 安全的管理飞行轨迹以获得最佳运行性能。 OB 4.5 手动保持期望轨迹的同时管理其他任务和干扰。 OB 4.6 当针对某些条件已安装并可用时，恰当使用飞管和指引系统。 OB 4.7 有效监控飞行指引系统，包括接通和自动模式的转换
领导力和团队合作（5）	影响他人为共同目标作出贡献。依靠合作达成团队的目标	OB 5.1 鼓励团队合作和开放的沟通方式。 OB 5.2 积极进取，在必要时指引方向。 OB 5.3 让他人参与计划的制定。 OB 5.4 考虑他人的意见。 OB 5.5 建设性地提供和接收反馈。 OB 5.6 用建设性的方式处理并化解冲突和分歧。 OB 5.7 必要时展现果断的领导力。 OB 5.8 为决策和行动承担责任。 OB 5.9 执行收到的指令。 OB 5.10 使用有效的干预策略来解决发现的偏差。 OB 5.11 管理文化上和语言上的难题（如适用）
问题的解决和决策（6）	识别征兆，缓解困难；并制定决策	OB 6.1 及时的识别，评估并管理威胁与差错。 OB 6.2 从合适的来源寻找准确充分的信息。 OB 6.3 适当时，识别并证实出现了什么问题以及原因。 OB 6.4 锲而不舍地解决的问题并坚持安全第一。 OB 6.5 找出并考虑恰当的选项。 OB 6.6 采取恰当及时的决策技巧。 OB 6.7 必要时监控、检查并调整决策。 OB 6.8 在没有现存指南或程序的情况下进行调整以适应当时的状况。 OB 6.9 面临意外事件时展现韧性
情景意识和信息管理（7）	察觉，理解并管理信息并预见其对运行的影响	OB 7.1 监控和评估飞机及其系统的状态。 OB 7.2 监控和评估飞机的能量状态以及期望的飞行轨迹。 OB 7.3 监控和评估可能影响运行的总体环境。 OB 7.4 证实信息的准确性并检查重大错误。 OB 7.5 保持对参与运行或受运行影响人员，以及他们能否按要求进行工作的意识。 OB 7.6 根据与威胁和差错相关的潜在风险，制定有效的应变计划。 OB 7.7 对情景意识降低的迹象作出反应

续表

胜任力	描述	可观察的行为
工作负荷管理（8）	合理利用资源来制定任务的优先级和分配任务，以保持足够的工作负荷余量	OB 8.1 在所有情况下都进行自我控制。 OB 8.2 高效的计划、优先、排序适合的任务。 OB 8.3 执行任务时有效的管理时间。 OB 8.4 提供并给予协助。 OB 8.5 委派任务。 OB 8.6 当需要时寻求和接受协助。 OB 8.7 对行动认真地监控、检查和交叉检查。 OB 8.8 证实任务已经按照预期的结果完成。 OB 8.9 执行任务时能够对打断、干扰、变化和错误进行有效的管理并从中恢复
知识的应用（0）	展现与信息、操作指南、飞机系统和运行环境相关的知识和理解	OB 0.1 展现出对于限制和系统以及它们之间相互影响的实用的、恰当的知识。 OB 0.2 展现出具备公布操作指南需要的知识。 OB 0.3 展现出关于自然环境、空中交通环境包含航路、天气、机场和运行基础设施的知识。 OB 0.4 展现出适用法律所需的恰当知识。 OB 0.5 知道从何处获取信息。 OB 0.6 展现对获取知识的积极兴趣。 OB 0.7 能够高效地对知识进行应用

研究团队在不影响学员训练效果的前提下，收集了2014—2019年“传统课程”（整体大纲53人、高性能20人）、MPL课程（27人）和部分教员培训课程（约340人）参训人员（共440人）可观察的行为（OB），并按照上述表格进行了分类和统计。详情见附件1。

7.2 统计结果

1. 从胜任力来看，传统课程学员、MPL课程学员在整个训练过程中9项胜任力均有展现，但总体上看，

a. 展现较为全面的胜任力有程序的执行和遵守规章（1）、沟通（2）、飞行轨迹管理—自动飞行（3）、飞行轨迹管理-手动飞行（4）、知识的应用（0）。

b. 展现不全面的胜任力有领导力和团队合作（5）、问题的解决和决策（6）、情景意识和信息管理（7）、工作负荷管理（8）。其中（5）、（6）、（8）缺失最为明显。

2. 从可观察的行为（OB）分析，学员胜任力的展现偶有交错，但经梳理仍可发现一定的规律：

a. 胜任力（1）、（4）、（0）较早展现，胜任力（5）、（7）、（6）、（8）展现靠后。胜任力（2）、（3）、（7）根据训练时间、训练课程和机型的区别展现不一。

b. 某些胜任力虽有展现，但只能观察到学员简单基础的行为（例如“OB 5.9 执行收到的指令”），复杂和高难度的行为并未出现（例如“OB 5.7 必要时展现果断的领导力”）。

3. 与传统课程学员相比，MPL 课程学员 9 项胜任力展现更全面（在训练时间上分布更均匀），可观察的行为（OB）缺失更少（MPL 的 OB 缺失数量为 26，而传统课程 OB 缺失数量为 44）。

4. 综合该培训机构的安全记录、学员训练记录，2017 年间 MPL 学员通过展现“OB 7.4 证实信息的准确性并检查重大错误”“OB 5.10 实用有效的干预策略来解决发现的偏差”纠正了 2 次教员可能危害安全的差错。与此对应，传统课程学员在 2015、2016 年两次高性能飞机训练不安全事件中无作为。

7.3 某培训机构的飞行教员培训

飞行教员资质能力提升培训课程开展至今，完成了约 340 名飞行教员的培训。

有别于复训或者考试，该课程让受训教员在陌生机型上（例如初中教机教员使用 CE-525 机型培训，高性能教员使用 A320 机型培训），实施以非技术胜任力为重点的训练。该机构教员在课程中表现出以下特点：

（1）遇到情况时倾向断开自动驾驶仪，在非正常和应急情况下更多地展现了技术胜任力，非技术胜任力的展现较少；

（2）除自动飞行以外，展现了极强的技术胜任力，这些胜任力中可以观察到的行为（OB）都有展现；

（3）倾向完全服从 ATC 指令，以完成任务为主要目标。

该机构飞行教员是从自身培养的优秀学员中选拔而来。教员的基础胜任力极强，而高阶胜任力或进阶 OB 展现不全，这一特点从侧面说明无论学员还是教员，其技术胜任力都发展过剩，非技术胜任力有所欠缺。

7.4 某培训机构教员技术胜任力的过度发展

另外，分析近年来该机构通报的不安全事件和教员自愿访谈，涉事教员具有以下特征。

（1）“心理定势”：因内心预设的目标，不能识别和跟进情形的变化。

（2）“就这么办”：这种心理倾向削弱了教员的判断力，固着于原始的目标或目的地，忽视了制定备用计划。

（3）“落后于飞机 + 丢失位置和情景意识”：多发生于高性能教员。教员的行为被接二连三出现的事件或情景操控，极端情况下会造成教员丢失位置和情景意识。

（4）“进近综合症 + 突破最低高度”：教员在进近过程中尝试突破最低高度。他们相信任何程序都有内建的容差，实在不行了再复飞也不迟。

（5）“在包线外飞行”：教员认为自己是飞机的主人，强迫飞机服从自己的操纵，错误估计了飞机性能。

（6）“缺乏飞行计划 + 忽视飞行前检查和检查单”：多发于经验丰富的教员，这类教员多依赖短期和长期记忆、操作熟练度、熟悉的航线等，替代标准操作程序和检查单。

由此看出，过度发展的技术胜任力与上述表现有一定关联。而且非技术胜任力的缺失也阻碍了教员摆脱上述不利表现。

8 研究结论

通过分析该培训机构相关训练数据，研究团队得出以下结论。

8.1 9 项胜任力不是平行关系，需要进行分级培养

对于航空公司的复训和考核，可以从 9 项胜任力对飞行员进行评估，任何一项胜任力的缺失都可能导致飞行员的考核结果为不合格。然而，对于执照培训来说，同时训练飞行学员的 9 项能力并不可行（例如初始培训中无法培养自动飞行）。

从跟踪到的数据上看，学员胜任力的养成有先后，不同的训练方法亦产生了不同的胜任力发展轨迹和发展水平。因此，若需要打造飞行学员牢固的胜任力框架，精密的胜任力构建顺序必须在培训课程中得到体现。

1. 胜任力分级依据一：技术和非技术胜任力

研究团队跟踪了 2016 年 8 月—2019 年 8 月间部分学员实践考试、高性能阶段检查的情况。考试/检查不通过的学员，多是因为技术类胜任力不达标而被判定“不合格”，这与正常训练中学员被判定“不满意”的原因一致。教员/考试员普遍通过学员飞行数据的偏差、知识的欠缺、程序的错误进行判定。

然而，这一评价标准没有体现出学员非技术胜任力上的区别。研究团队在跟踪高性能阶段检查的过程中发现，某些学员飞行中已经丢失了飞机轨迹监控，全神贯注于航图阅读或 FMS 输入，但借助自动驾驶仪的功用，飞机轨迹无异常，因此教员并未判定其不通过。与之对应，学员在轨迹出现偏差、程序错误等情况之前，往往先表现出非技术胜任力上的问题（例如工作负荷高、情景意识丢失、机组做出错误决策等）。

由此可见，胜任力大体上可以分为两个层次：非技术胜任力位于高层位置，技术胜任力位于基础位置，两组胜任力变化有先后顺序。如图 1.1 所示为学员随时间的胜任力表现。

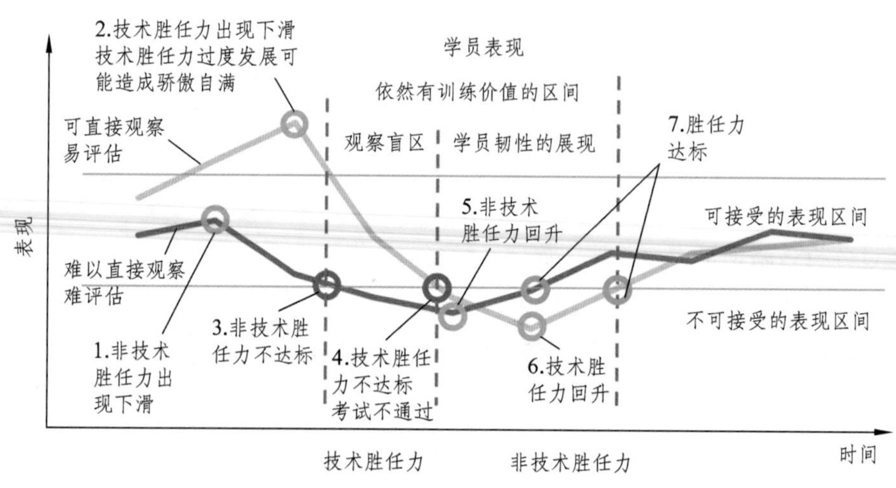

图 1.1　学员随时间的胜任力表现

2. 胜任力分级依据二：学员的统计数据

结合统计数据，可以对知识、技术胜任力、非技术胜任力进一步细分。

非技术胜任力方面，学员最难展现的胜任力有领导力和团队合作、问题的解决和决策、工作负荷管理、情景意识和信息管理（OB 7.6、OB 7.7）。

与之对应，学员技术胜任力展现较频繁。

值得注意的是，有两个胜任力地位比较特殊：

一是沟通。沟通在技术胜任力和非技术胜任力之间起到了纽带的作用，因而可称为"桥梁胜任力"。非技术胜任力用来驱动认知技能和元认知技能，属于看不见摸不着的心理活动，所以它们通常仅能以社交技能的形式被观察到（肢体、语言、面部表情等）。因此，通过沟通这项胜任力及其行为的观察，教员/评估人员可以推断出学员非技术胜任力的水平，并评估学员非技术胜任力对其技术胜任力的影响。

二是情景意识和信息管理。这项胜任力不能简单定义为"基础"或者"高级"。通过对其包含的行为指标进行分析，OB 7.1 ~ OB 7.4 较为基础，学员展现的频率和次数较多；OB 7.5 与沟通这项胜任力关联紧密；OB 7.6、OB 7.7 与领导力和团队合作、问题的解决和决策、工作负荷管理关联紧密，展现的频率和次数少。从描述上也能看出，这两个可观察行为（OB）即便针对成熟飞行员也属于极高的标准。因此，情景意识和信息管理可划分为 3 个层次（SA +、SA、SA −），分别归属于高级胜任力、桥梁胜任力、基础胜任力。

3. 推荐的胜任力分级

<table>
<tr><td>高级胜任力</td><td>领导力和团队合作（5）
问题的解决和决策（6）
工作负荷管理（8）</td><td>情景意识（7）+（SA+）</td><td rowspan="2">非技术知识</td></tr>
<tr><td>桥梁胜任力</td><td>沟通（2）</td><td>情景意识（7）(SA）</td></tr>
<tr><td>基础胜任力</td><td>程序的执行和遵守规章（1）
飞行轨迹管理-自动飞行（3）
飞行轨迹管理-手动飞行（4）</td><td>情景意识（7）－（SA－）</td><td>技术知识</td></tr>
</table>

将胜任力分级的好处在于

（1）有利于学员胜任力的养成，更符合教学规律；

（2）有利于胜任力的分析和评估；

（3）便于课程开发和场景设计；

（4）便于教员/评估人员依据威胁与差错管理模型对胜任力评分。

8.2 可观察的行为（OB）研究和分级

从数据分析，不仅学员的胜任力发展有明显的先后顺序，训练过程中其可观察的行为（OB）也有一定的展现规律。总体上看，可观察的行为（OB）可划分为基础 OB 和进阶 OB。

<table>
<tr><th></th><th>可观察的行为（OB）</th><th>胜任力</th></tr>
<tr><td>基础 OB</td><td>OB 1.1　找到程序和规章的来源。
OB 1.2　及时应用相关的操作指南、程序和技术。
OB 1.3　遵守 SOP，除非因安全原因需要适当的偏离。
OB 1.4　正确的操作飞机系统和相关设备。
OB 1.5　监控飞机系统状态。
OB 1.6　服从相应规章的要求。
OB 1.7　应用相关的程序性知识</td><td rowspan="2">程序的执行和遵守规章
（1）</td></tr>
<tr><td>进阶 OB</td><td>OB 1.1　找到程序和规章的来源。
OB 1.3　遵守 SOP，除非因安全原因需要适当的偏离</td></tr>
<tr><td>基础 OB</td><td>OB 2.1　确保沟通对象准备好并能够接受信息。
OB 2.2　选择恰当的主题、时机、方式及对象进行沟通。
OB 2.3　专递的信息清楚、准确、简洁明了。
OB 2.4　确保沟通对象展现了对重要信息的理解。
OB 2.5　积极倾听，在接收信息时表示理解。
OB 2.8　以符合组织文化和社会文化的方式，使用并领会非言语沟通。
OB 2.9　遵守标准的无线电通信术语和程序。
OB 2.10　用英语正确的阅读、理解、构建和回应数据链信息</td><td>沟通
（2）</td></tr>
</table>

续表

<table>
<tr><th></th><th colspan="2">可观察的行为（OB）</th><th>胜任力</th></tr>
<tr><td rowspan="2">进阶 OB</td><td>OB 2.6</td><td>提出切题有效的询问。</td><td rowspan="2"></td></tr>
<tr><td>OB 2.7</td><td>恰当使用递进的沟通方式，化解明显的意见不合</td></tr>
<tr><td rowspan="4">基础 OB</td><td>OB 3.1</td><td>当针对某些条件已安装并可用时，恰当使用飞管、指引系统和自动化设备。</td><td rowspan="6">飞行轨迹管理-自动飞行（3）</td></tr>
<tr><td>OB 3.2</td><td>监控并发现与期望飞机轨迹之间的偏差，采取恰当的行动。</td></tr>
<tr><td>OB 3.5</td><td>根据不同飞行阶段和工作负荷，及时恰当的选择自动化等级和模式。</td></tr>
<tr><td>OB 3.6</td><td>有效监控自动化，包括自动化的接通和模式的转换</td></tr>
<tr><td rowspan="2">进阶 OB</td><td>OB 3.3</td><td>安全的管理飞行轨迹以获得最佳运行性能。</td></tr>
<tr><td>OB 3.4</td><td>使用自动化保持期望轨迹的同时管理其他任务和干扰</td></tr>
<tr><td rowspan="5">基础 OB</td><td>OB 4.1</td><td>在符合当时条件的情况下运用手动准确、柔和的控制飞机。</td><td rowspan="7">飞行轨迹管理-手动飞行（4）</td></tr>
<tr><td>OB 4.2</td><td>监控并发现与期望飞机轨迹之间的偏差，采取恰当的行动。</td></tr>
<tr><td>OB 4.3</td><td>运用飞机姿态、速度、推力之间的关联，导航信号或视觉信息手动控制飞机。</td></tr>
<tr><td>OB 4.6</td><td>当针对某些条件已安装并可用时，恰当使用飞管和指引系统。</td></tr>
<tr><td>OB 4.7</td><td>有效监控飞行指引系统，包括接通和自动模式的转换</td></tr>
<tr><td rowspan="2">进阶 OB</td><td>OB 4.4</td><td>安全的管理飞行轨迹以获得最佳运行性能。</td></tr>
<tr><td>OB 4.5</td><td>手动保持期望轨迹的同时管理其他任务和干扰</td></tr>
<tr><td>基础 OB</td><td>OB 5.9</td><td>执行收到的指令</td><td rowspan="11">领导力和团队合作（5）</td></tr>
<tr><td rowspan="10">进阶 OB</td><td>OB 5.1</td><td>鼓励团队合作和开放的沟通方式。</td></tr>
<tr><td>OB 5.2</td><td>积极进取，在必要时指引方向。</td></tr>
<tr><td>OB 5.3</td><td>让他人参与计划的制订。</td></tr>
<tr><td>OB 5.4</td><td>考虑他人的意见。</td></tr>
<tr><td>OB 5.5</td><td>建设性地提供和接收反馈。</td></tr>
<tr><td>OB 5.6</td><td>用建设性的方式处理并化解冲突和分歧。</td></tr>
<tr><td>OB 5.7</td><td>必要时展现果断的领导力。</td></tr>
<tr><td>OB 5.8</td><td>为决策和行动承担责任。</td></tr>
<tr><td>OB 5.10</td><td>使用有效的干预策略来解决发现的偏差。</td></tr>
<tr><td>OB 5.11</td><td>管理文化上和语言上的难题（如适用）</td></tr>
<tr><td rowspan="3">基础 OB</td><td>OB 6.2</td><td>从合适的来源寻找准确充分的信息。</td><td rowspan="9">问题的解决和决策（6）</td></tr>
<tr><td>OB 6.3</td><td>适当时，识别并证实出现了什么问题以及原因。</td></tr>
<tr><td>OB 6.5</td><td>找出并考虑恰当的选项</td></tr>
<tr><td rowspan="6">进阶 OB</td><td>OB 6.1</td><td>及时的识别，评估并管理威胁与差错。</td></tr>
<tr><td>OB 6.4</td><td>锲而不舍地解决的问题并坚持安全第一。</td></tr>
<tr><td>OB 6.6</td><td>采取恰当及时的决策技巧。</td></tr>
<tr><td>OB 6.7</td><td>必要时监控、检查并调整决策。</td></tr>
<tr><td>OB 6.8</td><td>在没有现存指南或程序的情况下进行调整以适应当时的状况。</td></tr>
<tr><td>OB 6.9</td><td>面临意外事件时展现韧性</td></tr>
</table>

续表

	可观察的行为（OB）		胜任力
基础 OB	OB 7.1	监控和评估飞机及其系统的状态。	情景意识和信息管理（7）
	OB 7.2	监控和评估飞机的能量状态以及期望的飞行轨迹。	
	OB 7.3	监控和评估可能影响运行的总体环境。	
	OB 7.4	证实信息的准确性并检查重大错误	
进阶 OB	OB 7.5	保持对参与运行或受运行影响人员，以及他们能否按要求进行工作的意识。	
	OB 7.6	根据与威胁和差错相关的潜在风险，制定有效的应变计划。	
	OB 7.7	对情景意识降低的迹象作出反应	
基础 OB	OB 8.2	高效的计划、优先、排序适合的任务。	工作负荷管理（8）
	OB 8.3	执行任务时有效的管理时间。	
	OB 8.4	提供并给予协助。	
	OB 8.5	委派任务。	
	OB 8.6	当需要时寻求和接受协助。	
	OB 8.7	对行动认真地监控、检查和交叉检查	
进阶 OB	OB 8.1	在所有情况下都进行自我控制。	
	OB 8.8	证实任务已经按照预期的结果完成。	
	OB 8.9	执行任务时能够对打断、干扰、变化和错误进行有效的管理并从中恢复	
基础 OB	OB 0.1	展现出对于限制和系统以及它们之间相互影响的实用的、恰当的知识。	知识的应用（0）
	OB 0.2	展现出具备公布操作指南需要的知识。	
	OB 0.3	展现出关于自然环境、空中交通环境包含航路、天气、机场和运行基础设施的知识。	
	OB 0.4	展现出适用法律所需的恰当知识	
进阶 OB	OB 0.5	知道从何处获取信息。	
	OB 0.6	展现对获取知识的积极兴趣。	
	OB 0.7	能够高效地对知识进行应用	

接受“传统课程”训练的学员，更倾向展现基础 OB，训练中后期进阶 OB 的展现不突出。

与之相比，MPL 课程学员在训练中后期展现了相对多的进阶 OB。

将可观察的行为（OB）分级的好处在于

（1）便于胜任力溯源，可以精确定位学员行为所对应的胜任力；

（2）可以绘制胜任力养成路线图，例如某些基础 OB 的展现证明可对该学员进行另一项胜任力的训练；

（3）便于收集数据；

（4）便于开发课程；

（5）便于胜任力发展轨迹的追踪；

（6）便于过程评估。

8.3 与作风相关的 OB

进一步研究可观察的行为（OB），并结合学员在校期间操行记录、日常规范遵守情况，发现学员的“作风”与下列 OB 有一定关联。

基础 OB	OB 1.3	遵守 SOP，除非因安全原因需要适当的偏离。
	OB 1.6	服从相应规章的要求。
	OB 2.9	遵守标准的无线电通信术语和程序。
	OB 5.9	执行收到的指令。
	OB 7.4	证实信息的准确性并检查重大错误。
	OB 8.1	在所有情况下都进行自我控制。
	OB 8.8	证实任务已经按照预期的结果完成
进阶 OB	OB 5.1	鼓励团队合作和开放的沟通方式。
	OB 5.2	积极进取，在必要时指引方向。
	OB 5.4	考虑他人的意见。
	OB 6.4	锲而不舍地解决的问题并坚持安全第一。
	OB 6.9	面临意外事件时展现韧性。
	OB 7.7	对情景意识降低的迹象作出反应。
	OB 8.4	提供并给予协助。
	OB 8.6	当需要时寻求和接受协助。
	OB 8.7	对行动认真地监控、检查和交叉检查。
	OB 0.6	展现对获取知识的积极兴趣

从胜任力上看，与作风相关的胜任力所占比例为知识的应用（5.88%）、沟通（5.88%）、程序的执行和遵守规章（11.7%）、问题的解决和决策（11.7%）、情景意识和信息管理（11.7%）、领导力和团队合作（23.5%）、工作负荷管理（29.4%）。

此外，高级胜任力 OB 出现 12 次，桥梁胜任力 OB 出现 1 次，基础胜任力 OB 出现 4 次。

按照技术、非技术胜任力的划分，作风主要与非技术胜任力相关；

按照高级、桥梁、基础胜任力划分，作风主要与高级胜任力相关。

从可观察的行为（OB）上看，基础 OB 占 7 条，进阶 OB 占 10 条。如果学员训练中不常展现进阶 OB，则对应的训练方法很难发现学员潜在的作风问题。

9 我国民航规章的数据报告及相关分析

以胜任力分级、可观察的行为（OB）分级为基础，研究团队对下列我国民航 91、121 咨询通告内容进行了分析和归类：

（1）AC-121-FS-2018-130《飞行运行作风》；

（2）AC-121-FS-2018-22R1《机组标准操作程序》；

（3）AC-91-FS-2014-23《航空器驾驶员指南——地面运行》；

（4）AC-91-FS-2014-20《航空器驾驶员指南——雷暴、晴空颠簸和低空风切变》；

（5）AC-91-FS-2015-28《航空器驾驶员指南——尾流和平行跑道运行》；

（6）AC-91-FS-2013-18《航空器驾驶员低温冰雪运行指南》。

统计详情见附件 2。

由下表可以看出，这些运行类咨询通告对飞行人员的要求主要集中在非技术胜任力（CRM），其中高级胜任力［（5）、（6）、（8）］占了很大比例。

飞行人员要满足当今的运行标准，“手上功夫”已经不是最重要的因素，某些咨询通告甚至对“飞行轨迹管理——自动飞行（3）”、“飞行轨迹管理——自动飞行（4）”无要求。

咨询通告编号及名称	高级胜任力［(5)、(6)、(8)］相关行为所占比例； CRM 相关非技术［(2)、(5)、(6)、(7)、(8)］所占比例	胜任力占比分析
AC-121-FS-2018-130 《飞行运行作风》	高级胜任力相关行为占比（43%） CRM 相关非技术行为占比（72%）	无（3）、（4）相关要求 CRM 胜任力占比(71%)
AC-121-FS-2018-22R1 《机组标准操作程序》	高级胜任力相关行为占比（38%） CRM 相关非技术行为占比（64%）	无（4）相关要求 CRM 胜任力占比(62%)
AC-91-FS-2014-23 《航空器驾驶员指南——地面运行》	高级胜任力相关行为占比（41%） CRM 相关非技术行为占比（70%）	无（3）、（4）相关要求 CRM 胜任力占比(71%)
AC-91-FS-2014-20 《航空器驾驶员指南——雷暴、晴空颠簸和低空风切变》	高级胜任力相关行为占比（52%） CRM 相关非技术行为占比（70%）	CRM 胜任力占比(55%)
AC-91-FS-2015-28 《航空器驾驶员指南——尾流和平行跑道运行》	高级胜任力相关行为占比（39%） CRM 相关非技术行为占比（60%）	CRM 胜任力占比(55%)
AC-91-FS-2013-18 《航空器驾驶员低温冰雪运行指南》	高级胜任力相关行为占比（31%） CRM 相关非技术行为占比（51%）	CRM 胜任力占比(55%)

综上所述：

（1）传统训练偏重基础胜任力、基础 OB，高级胜任力及进阶 OB 缺失明显，学员难以满足实际运行需要。

（2）传统训练没有考虑胜任力培养，从底层构建已经落后于运行实际，即便以最高标准进行实施仍不能弥补“训练”和“运行”的鸿沟。因此大部分执照培训机构使用的训练质量管理措施、提高训练质量的手段可能是徒劳。

10 MPL 课程实施情况的分析和总结

截至 2017 年，某培训机构 MPL 课程在训学员 261 人次，其中 171 人处于飞行训练阶段。

10.1 MPL 实践中出现的问题

MPL 课程关注的焦点在于非技术技能。从数据上看，学员训练过程中展现的 OB 说明 MPL 训练可以达到这一预期。

然而，该培训机构 MPL 课程的最后评估却脱离了“基于胜任力训练”的范围，回到了评估学员是否“完成任务”的传统思路。如图 1.2 所示。

要素	证明	TEM 对策
执行起飞滑跑	➢ 进跑道前检查已完成 ➢ 刹车已松开 ➢ 油门已柔和并完全设置至起飞推力 ➢ 保持飞机在跑道内滑跑 ➢ 滑跑中已检查飞行仪表和发动机仪表并有相应反应	➢ 已证实飞机位置和相应设定 ➢ 使用了机场图和滑行路线图(如适用) ➢ 能明白滑行许可并能正确复述 ➢ 能向侧风方向压杆(侧风时适用) ➢ 能避免过多顶杆 ➢ 能控制好方向 ➢ 能避免任务固着，执行任务能充分考虑优先顺序

图 1.2　MPL 评估示例

从图中可以看出，此评估方法的结果是，严格按照 MPL 基于胜任力训练出来的学员，与传统训练方法的学员相比，最终评估的结论差异较小。所以，MPL 带飞教员即使不按照课程规定训练，一样可以让学员通过最终评估。

另一方面，MPL 课程为舶来品，理念在当时过于超前，国内训练单位及授课教员都未能深入理解基于胜任力训练的要点。结合前文提到的教员培训数据，可以看出该培训机构实施 MPL 课程的教员基础比较薄弱。

因此，即便是国内知名的飞行员培训机构，也未能构建符合这一课程训练要求的教员培训体系、质量监管体系、运行保障体系。如果把教员、学员比喻为“鸡”和“蛋”，MPL 课程最大的问题在于没有“鸡窝”。这导致了该机构 MPL 课程教员水平参差不齐、学员质量无明显提高、难以总结多年的教学经验、无法产生有用的训练数据。

10.2 MPL 课程的贡献

MPL 课程实施虽然有一些困难，但是通过这一课程的实践，该机构证明了基于胜任力训练在我国飞行人员执照培训的可行性——既满足当前的训练规章要求，亦使用了全新的训练理念和手段。

此外，MPL 课程开发和实施过程参与人数众多，持续时间长，启蒙了国内飞行员训练行业关于基于胜任力理念的研究和探索。

最后，这一课程实践曝光了基于胜任力训练的要点难点，推动了国内的训练课程开发。该培训机构近年开发的“高性能教员复训课程”“飞行教员资质能力提升培训课程”以及诸多正在开展的训练理论研究，都借鉴了 MPL 的课程经验。

11 基于胜任力训练的设计思路和方法

从当前的研究结论看，按照胜任力和行为分级的顺序，从零开始训练飞行人员的胜任力是可行的。但是，训练的目标需要从单一的训练规章，扩大到包含运行规章、运行手册、事故事件等对飞行员有明确行为要求的内容。

和“作风”相关的胜任力和行为指标需要得到重视，仅依靠行政手段和教育进行的作风建设效果不明显，需将其纳入飞行员的训练大纲之中。

基于胜任力的训练不仅是训练方法上的改变。MPL 课程的前车之鉴说明，要完成学员“选拔 + 执照培训 + 型别等级改装 + 机长选拔”和培训全生命周期的胜任力培养，必须建立完善的训练体系和运行保障。

除此之外，还要特别注意以下几点：

（1）明确需要的绩效。具有多通路的绩效目标（通常是一项任务）没有意义。例如起落航线的教学，如果该教学目标为“完成起落航线”，则学员有多种通路可以完成绩效考核（使用 GPS、使用 ILS/DME 或 VOR 等）。正确的绩效目标应当是“运用飞机姿态、速度、推力的关联，使用视觉信息手动控制飞机完成起落航线”。

（2）需要限定绩效展现的场景。为了让学员展现特定的绩效，场景、故障、科目需要进行限定。还是以起落航线教学为例，同一绩效在“完成边缘目视条件下、侧风 5 m/s、真高 1 000 ft*的起落航线”，与“完成能见度 5 km、无侧风、真高 1 000 ft 的起落航线”展现的难度和所需训练时间完全不同。

（3）课程评估和课程设计一体化。基于胜任力训练的难点在于评估。某培训机构多年的教学实践说明，分割“课程”和“评估”是行不通的，这将造成不同教员/评估人员之间评估结果的显著差异，没有哪一种方法可以精确评估所有课程。因此，课程开发之初便要将训练方法和评估方法进行统筹设计。

（4）围绕可观察的行为（OB）设计事件和场景。训练中，目标绩效通常是由预期的行为（包括不作为）达到了预期的结果。如何激发或者抑制学员产生的行为，是设计事件和场景的关键。课程设计人员如何运用环境、程序、机型特点准确引导学员可观察行为（OB）的展现，能否准确预测学员在编排场景下的行为，将决定基于胜任力训练的效果。

---

* 英尺，长度单位，1 ft = 0.304 8 m

附件 1　学员统计表格

1. 航线运输驾驶员（飞机）整体训练课程大纲＋高性能多发飞机课程训练大纲

1）教学小组 A（53 人）

飞行学员 首次出现的 行为指标分布统计		
学员数量：53 人		
取样周期：2014—2019 年		
整体大纲		
单发陆地飞机私用驾驶员执照训练		
	行为指标 OB（出现行为指标的人数/总人数）	行为指标对应的胜任力代码
本场筛选阶段 FTD01-FL09	OB 1.1（53/53） OB 1.2（53/53） OB 1.6（53/53） OB 2.1（51/53） OB 4.1（49/53） OB 4.2（49/53） OB 0.5（53/53） OB 0.6（47/53）	1 2 4 0
本场及单飞阶段 FTD03-FL13	OB 2.2（49/53） OB 2.3（49/53） OB 5.9（47/53）	2 5
本场及转场单飞阶段 FL14-FL25	OB 2.4（47/53）	2
本场及转场单飞阶段 FL26-FL35	OB 2.9（49/53） OB 0.2（49/53）	2 0
仪表等级训练		
基本仪表飞行阶段 FTD06-FL43	OB 4.3（49/53）	4
仪表进近转场阶段 FTD11-FL53	OB 4.4（49/53）	4

续表

多发陆地飞机商用驾驶员执照训练		
单发机动飞行阶段 FL54-FL68	OB 1.3（21/53）	1
	OB 1.4（45/53）	
	OB 1.5（49/53）	
	OB 2.5（38/53）	2
	OB 7.1（38/53）	7
	OB 7.2（30/53）	
单发综合飞行阶段 FTD23-FL82	OB 2.6（38/53）	2
	OB 2.7（38/53）	
	OB 4.5（30/53）	4
	OB 5.1（15/53）	5
	OB 5.2（15/53）	
	OB 5.3（38/53）	
	OB 5.4（38/53）	
	OB 5.5（15/53）	
	OB 6.1（15/53）	6
	OB 7.4（13/53）	7
	OB 8.4（48/53）	8
	OB 8.6（48/53）	
	OB 0.3（13/53）	0
多发复杂飞机阶段 FTD26-FL95	OB 6.2（45/53）	
	OB 6.3（45/53）	6
	OB 6.4（8/53）	
	OB 6.5（45/53）	
	OB 8.1（49/53）	
	OB 8.2（8/53）	8
	OB 8.5（15/53）	
	OB 8.7（8/53）	
整体大纲未体现	OB 1.7 OB 2.8 OB 2.10 OB 3.1～3.6 OB 4.6～4.7 OB 5.6～5.8 OB 5.10～5.11 OB 6.6～6.9 OB 7.3 OB 7.5～7.7 OB 8.3 OB 8.8～8.9 OB 0.1 OB 0.4 OB 0.7	1 2 3 4 5 6 7 8 0

2）教学小组 B（20 人）

飞行学员 首次出现的 行为指标分布统计		
学员数量：20 人		
取样周期：2015—2017 年		
高性能多发飞机训练阶段		
	行为指标 OB（出现行为指标的人数/总人数）	行为指标对应的胜任力代码
FFS 01	OB 1.1（18/20） OB 1.2（13/20） OB 1.3（14/20） OB 1.4（14/20） OB 1.5（20/20） OB 1.6（17/20） OB 1.7（10/20）	1
	OB 2.1（19/20） OB 2.2（15/20） OB 2.3（18/20） OB 2.4（7/20） OB 2.5（16/20） OB 2.9（18/20）	2
	OB 4.1（20/20） OB 4.2（20/20） OB 4.3（20/20） OB 4.4（18/20） OB 4.5（14/20） OB 4.6（16/20）	4
	OB 5.9（20/20） OB 7.1（20/20） OB 7.2（20/20）	5
	OB 7.3（17/20） OB 8.7（9/20）	7
	OB 8.8（6/20） OB 0.1（16/20）	8
	OB 0.2（11/20） OB 0.3（12/20） OB 0.5（20/20） OB 0.6（17/20）	0

续表

FFS 02	OB 2.10（10/20） OB 3.1（20/20） OB 3.2（19/20） OB 3.3（16/20） OB 3.4（6/20） OB 3.5（14/20） OB 3.6（20/20） OB 4.6（20/20） OB 5.4（13/20） OB 5.5（15/20） OB 6.2（16/20） OB 6.3（14/20） OB 6.5（17/20） OB 7.4（12/20） OB 8.4（11/20） OB 8.5（16/20） OB 8.6（16/20） OB 0.7（13/20）	2 3 4 5 6 7 8 0
FFS 03	OB 2.6（6/20） OB 2.8（15/20） OB 5.3（12/20） OB 5.10（14/20） OB 6.6（12/20） OB 6.9（4/20） OB 8.9（4/20） OB 0.4（16/20）	2 5 6 8 0
FFS 04	OB 6.1（8/20） OB 6.7（9/20） OB 7.6（5/20）	6 7
FL 01-FL 02		
FL 03-FL 07		

续表

未体现	OB 2.7 OB 5.1 OB 5.2 OB 5.6 OB 5.7 OB 5.8 OB 5.11 OB 6.4 OB 6.8 OB 7.5 OB 7.7 OB 8.1 OB 8.2 OB 8.3	2 5 6 7 8

2. 多人制机组驾驶员训练大纲（MPL）

1）教学小组 C（10）

飞行学员 首次出现的 行为指标分布统计		
学员数量：10 人		
取样周期：2013—2015 年		
MPL 基础训练阶段（C-172R）		
	行为指标 OB（出现行为指标的人数/总人数）	行为指标对应的胜任力代码
本场筛选阶段 FTD01-FL09	OB 1.1（6/10） OB 1.3（8/10） OB 1.4（10/10） OB 1.5（7/10） OB 1.6（6/10） OB 1.7（10/10） OB 2.1（5/10） OB 2.2（5/10） OB 2.5（10/10） OB 2.8（5/10） OB 2.9（8/10） OB 4.1（4/10）	1 2 4

续表

本场筛选阶段 FTD01-FL09	OB 4.2（8/10） OB 4.3（5/10） OB 4.4（5/10） OB 4.5（8/10） OB 5.4（8/10） OB 5.5（3/10） OB 5.9（10/10） OB 6.1（8/10） OB 6.2（6/10） OB 6.3（6/10） OB 7.4（4/10） OB 7.1（5/10） OB 8.6（4/10） OB 0.1（10/10） OB 0.2（10/10） OB 0.3（6/10） OB 0.4（4/10） OB 0.5（8/10） OB 0.6（10/10）	 5 6 7 8 0
本场及转场单飞阶段 FTD03-FL13	OB 1.2（8/10） OB 2.4（8/10） OB 2.6（3/10） OB 2.10（8/10） OB 5.2（2/10） OB 5.3（3/10） OB 5.7（2/10） OB 6.4（2/10） OB 6.6（4/10） OB 6.7（2/10） OB 7.2（6/10） OB 7.6（4/10） OB 8.2（3/10） OB 8.3（5/10） OB 8.7（5/10） OB 8.9（4/10）	1 2 5 6 7 8

续表

基本仪表飞行阶段 FTD06-FL43	OB 0.7（5/10）	0
仪表进近转场阶段 FTD11-FL53	OB 5.6（2/10） OB 5.10（3/10） OB 7.3（6/10） OB 8.1（2/10）	5 7 8
该阶段未体现指标	OB 2.7 OB 3.1～3.6 OB 4.6 OB 4.7 OB 5.1 OB 5.8 OB 5.11 OB 6.8 OB 6.9 OB 7.5 OB 7.7 OB 8.4 OB 8.5 OB 8.8	2 3 4 5 6 7 8

2）教学小组 D（17 人）

飞行学员 首次出现的 行为指标分布统计		
学员数量：17 人		
取样周期：2015—2019 年		
MPL 初级训练阶段（CE-525）		
	行为指标 OB（出现行为指标的人数/总人数）	行为指标对应的胜任力代码
模块 1 （0～28 h） FTD 01- FTD 07	OB 1.1（17/17） OB 1.2（17/17） OB 1.5（15/17） OB 1.7（9/17） OB 2.3（10/17） OB 2.4（3/17） OB 2.6（8/17） OB 2.9（17/17）	1 2

续表

模块 1（0 ~ 28 h）FTD 01-FTD 07	OB 4.1（16/17）	4
	OB 4.2（15/17）	
	OB 4.3（13/17）	
	OB 4.4（12/17）	
	OB 5.4（7/17）	5
	OB 5.9（15/17）	
	OB 6.2（4/17）	6
	OB 6.3（5/17）	
	OB 7.1（17/17）	7
	OB 7.2（17/17）	
	OB 7.3（17/17）	
	OB 8.6（11/17）	8
	OB 8.7（7/17）	
	OB 0.1（14/17）	0
	OB 0.2（8/17）	
	OB 0.3（6/17）	
	OB 0.5（9/17）	
	OB 0.6（15/17）	
模块 2（28 ~ 52 h）FTD 08-FTD 13	OB 1.3（17/17）	1
	OB 1.4（17/17）	
	OB 1.6（13/17）	
	OB 2.1（11/17）	2
	OB 2.2（5/17）	
	OB 2.5（12/17）	
	OB 2.8（15/17）	
	OB 2.10（10/17）	
	OB 3.1（16/17）	3
	OB 3.2（14/17）	
	OB 3.3（4/17）	
	OB 3.6（17/17）	
	OB 4.6（11/17）	4
	OB 5.3（3/17）	5
	OB 5.4（6/17）	
	OB 5.5（2/17）	
	OB 5.6（4/17）	
	OB 6.1（7/17）	6
	OB 7.5（7/17）	7
	OB 8.4（12/17）	8
	OB 8.5（17/17）	
	OB 8.8（8/17）	
	OB 0.4（15/17）	0
	OB 0.7（13/17）	

续表

<table>
<tr><td rowspan="7">模块 3
（52 ~ 80 h）
FTD 14-
FTD 20</td><td>OB 1.6（14/17）</td><td>1</td></tr>
<tr><td>OB 3.5（13/17）</td><td>3</td></tr>
<tr><td>OB 5.10（15/17）</td><td></td></tr>
<tr><td>OB 6.1（11/17）</td><td>4</td></tr>
<tr><td>OB 6.5（8/17）</td><td>5</td></tr>
<tr><td>OB 6.6（5/17）</td><td>6</td></tr>
<tr><td>OB 6.7（9/17）</td><td>7</td></tr>
<tr><td rowspan="9">模块 4（LOFT）
（80 ~ 100 h）
FTD 21-
FTD 25</td><td>OB 2.7（5/17）</td><td>2</td></tr>
<tr><td>OB 5.1（13/17）</td><td>5</td></tr>
<tr><td>OB 5.11（4/17）必要时转为用中文通信</td><td></td></tr>
<tr><td>OB 6.9（10/17）</td><td></td></tr>
<tr><td>OB 7.6（11/17）</td><td>6</td></tr>
<tr><td>OB 7.7（14/17）</td><td>7</td></tr>
<tr><td>OB 8.2（6/17）</td><td></td></tr>
<tr><td>OB 8.3（13/17）</td><td>8</td></tr>
<tr><td>OB 8.9（11/17）</td><td></td></tr>
<tr><td rowspan="3">飞机飞行训练（本阶段 15 h）
FL 01-
FL 10</td><td>OB 3.6（17/17）</td><td>3</td></tr>
<tr><td>OB 4.7（17/17）</td><td>4</td></tr>
<tr><td>OB 7.4（4/17）</td><td>7</td></tr>
<tr><td rowspan="6">MPL 大纲未体现</td><td>OB 4.5</td><td>4</td></tr>
<tr><td>OB 5.7</td><td>5</td></tr>
<tr><td>OB 5.8</td><td></td></tr>
<tr><td>OB 6.4</td><td>6</td></tr>
<tr><td>OB 6.8</td><td></td></tr>
<tr><td>OB 8.1</td><td>8</td></tr>
<tr><td colspan="3">注：飞机训练在 FTD 模块 3 训练时就可以开始进行</td></tr>
</table>

附件 2　咨询通告统计表格

咨询通告（AC）行为分布统计		
咨询通告编号及名称	可观察的行为（OB）(出现行为指标的人数/总人数）	行为指标对应的胜任力代码
AC-121-FS-2018-130 《飞行运行作风》	OB 0.1 ~ 0.4 OB 1.1 ~ 1.7 OB 2.1 ~ 2.7 OB 2.9 ~ 2.10 OB 5.1 ~ 5.10 OB 6.1 ~ 6.4 OB 7.1 ~ 7.6 OB 8.1 ~ 8.6	0 1 2 5 6 7 8
AC-121-FS-2018-22R1 《机组标准操作程序》	OB 0.2 ~ 0.3 OB 0.7 OB 1.1 ~ 1.7 OB 2.1 ~ 2.7 OB 2.9 OB 3.1 ~ 3.6 OB 5.1 ~ 5.6 OB 5.10 OB 6.1 OB 6.3 ~ 6.7 OB 7.1 ~ 7.2 OB 7.5 OB 7.7 OB 8.2 OB 8.4 OB 8.5 OB 8.7	0 1 2 3 5 6 7 8
AC-91-FS-2014-23 《航空器驾驶员指南——地面运行》	OB 0.1 ~ 0.3、0.5、0.7 OB 1.1 ~ 1.4、1.7 OB 2.1 ~ 2.2、2.9 OB 5.1 OB 6.1 ~ 6.6 OB 7.1 ~ 7.7 OB 8.1 ~ 8.3、8.5 ~ 8.7、8.9	0 1 2 5 6 7 8

续表

AC-91-FS-2014-20《航空器驾驶员指南——雷暴、晴空颠簸和低空风切变》	OB 0.3、0.7	0
	OB 1.2、1.3	1
	OB 2.9	2
	OB 3.1、3.5、3.6	3
	OB 4.4	4
	OB 5.1	5
	OB 6.1 ~ 6.9	6
	OB 7.1、7.2、7.3、7.6	7
	OB 8.1、8.2、8.3、8.9	8
AC-91-FS-2015-28《航空器驾驶员指南——尾流和平行跑道运行》	OB 0.1 ~ 0.4	
	OB 0.7	0
	OB 1.1	
	OB 1.5	1
	OB 1.6	
	OB 2.1 ~ 2.2	
	OB 2.4	2
	OB 2.6	
	OB 3.2 ~ 3.3	
	OB 4.1 ~ 4.2	3
	OB 5.7 ~ 5.8	4
	OB 6.1 ~ 6.7	5
	OB 6.9	6
	OB 7.2 ~ 7.3	
	OB 7.6	7
	OB 8.1	
	OB 8.7	8
	OB 8.9	
AC-91-FS-2013-18《航空器驾驶员低温冰雪运行指南》	OB 0.1 ~ 0.3	0
	OB 0.5	
	OB 0.7	
	OB 1.1 ~ 1.7	1
	OB 2.1 ~ 2.4	2
	OB 2.9	
	OB 3.1	3
	OB 3.4 ~ 3.7	
	OB 4.1	4
	OB 4.4 ~ 4.7	
	OB 5.3 ~ 5.8	5
	OB 6.1 ~ 6.7	6
	OB 7.1 ~ 7.4	7
	OB 8.6	8

第2篇

飞行员核心胜任力培训指导手册

Guidance Manual for Pilot Competencies Training

序 言
术 语
缩略语
引 言
1 核心胜任力的起源和通用概念
2 关于飞行员核心胜任力
3 飞行员核心胜任力相互关系和构建
4 飞行员核心胜任力培养课程编制方案
5 飞行员核心胜任力与 TEM、REASON 模型
6 飞行员核心胜任力评估基础方法
7 飞行员核心胜任力在 UPRT 课程的养成
附 件

序 言

基于第 1 篇数据分析报告部分，中国民用航空飞行学院开发了一套满足基于胜任力训练要求的课程工具，包括本篇——飞行员核心胜任力培训指导手册。该手册系统地阐述了核心胜任力的起源、相互关系、培训规律。除了加入课程编制方法，该手册还介绍了如何从“胜任力”角度进行事故分析，精确定位事故中“人的因素”和“胜任力缺失”之间的关联。

本手册第 1 章介绍了核心胜任力的起源和通用概念，可以了解核心胜任力是怎么来的，核心胜任力的概念是什么，确定不同职业核心胜任力的原则和不同职业核心胜任力的特征结构，深刻揭示了不同职业核心胜任力的建立方式。

第 2 章详细罗列飞行员核心胜任力，飞行核心胜任力相关描述和飞行员核心胜任力相关的“可被观察的行为”。

第 3 章基于两方面研究揭示出飞行员核心胜任力的相互关系和构建。一方面是将飞行员核心胜任力放置在《航线运输驾驶员整体课程训练大纲》，将 2014—2019 年所带飞 53 名学员首次出现的“可被观察的行为”放置大纲阶段进行梳理；另一方面研究，则是在进行 UPRT 课程研究和开发的过程中，发现通过简单的程序和改出训练，甚至是对 FAA 和 ICAO 的 UPRT 相关手册的学习，并不能达到 UPRT 课程最终识别和预防的目的。最深层次的培训，在于对飞行员高阶核心胜任力的培训。基于以上两个方面研究，本章深刻揭示了 9 个核心胜任力之间的关系和规律，真正做到如何从零开始的飞行员核心胜任力培训或者根据不同飞行员阶段的养成进行再培训，为各个培训机构极大程度节省飞行员培养成本和提高飞行员培养质量。

第 4 章引用了 ICAO 附件关于培训课程的开发步骤，同时进行了飞行员课程开发的专业化，将一些企业 HR 方面的专业术语进行航空领域专业化。

第 5 章在第 3 章的基础上，更深层次揭示了航空事故人为因素和飞行员核心胜任力的关系，将飞行员核心胜任力对应事故人为因素进行归纳，把飞行员核心胜任力和 TEM、RESON 模型相结合。本章突出了飞行员核心胜任力的重要性，指出一次事故不仅仅是飞行员操纵问题和知识不足的问题，深层次还包含飞行员高阶核心胜任力的问题。本章详细分析了 13 起 LOC-I 类事故人为因素，因为将过多的详细分析放在手册中，显得非常累赘，而且近些年的几起事故没有非常全面的报告资料，故列举了两起详细的分析。从第 5 章也可以看出，事故链中“个人或团队反应”一般从高阶核心胜任力开始被击穿，

例如决策的独断专行、驾驶舱梯度陡峭等，从而在进阶核心胜任力的“沟通”上表现出不积极倾听、机组成员没有提出有效的询问等，最后到非预期航空器状态时，出现基础核心胜任力的“手动飞行”问题：没有正确改出失速状态。

第 6 章介绍了飞行员核心胜任力评估基础方法，这里的评估方法是按照“飞行员核心胜任力分类”评估，没有按照前面章节“飞行员核心胜任力阶段”评估。在本章的评估中，反复强调了评估的核心思想：评估是为了更好的培训。可以看到，在评估的过程中，也包含培训的理念，比如对于“非技术类核心胜任力”的评估中，不再是简单的驾驶舱中的培训和评估，还应该开展相应“非技术类核心胜任力”的驾驶舱以外的培训和评估：户外扩展竞赛、课堂小游戏、团队建设活动等。将这些驾驶舱以外表现出的通用胜任力，进行培训和评估，而后再迁移到驾驶舱环境里。

第 7 章以 UPRT 课程为实例，列举了整个课程设计过程，以养成飞行员核心胜任力。附件是较详细的初阶 UPRT 课程大纲。

手册的编写，给中国飞行员核心胜任力培训指明方向。作为一本指导性手册，各培训机构在使用时还应该根据自己的运行环境，进行改良和定制，以便符合自身培训的需求。要开展飞行员核心胜任力培训模式，当前最大的阻碍在于法规和指导文件的限制和不足，需要政策的指导和帮扶。

术　语

注：本节大量信息来自 ICAO 附件 1—人员执照，和附件 6—飞行器运行的第 1 部分——国际商业航空运输-飞机和空中导航服务程序-训练（文件 9868）。

术语	定义
评估	确定候选人是否符合能力标准的要求
行为	一个人针对特定情况做出的可被衡量的公开或秘密反应的方式
行为指标	任一机组成员做出的可以表现机组如何处理某事件的公开动作或陈述
胜任能力	按照规定标准执行任务所需的知识、技巧和态度的综合
基于胜任能力训练	训练和评估的特征是以表现为导向，强调表现的标准和测评，以及达到特定表现标准的训练开发
能力因素	具有触发事件和终止事件任务的构成动作，并清晰地定义了其限制和可见的结果
核心能力	基于描述如何有效完成一项任务的任务要求的一组相关行为，即熟练表现的描述，包含了能力名称、描述和一系列行为指示
关键系统故障	对熟练机组有显著要求的飞机系统故障。在判断这些故障时，需排除任何环境或运行背景
差错	导致偏离预计航线、飞行机组目的或预期的飞行机组行为或无作为
差错管理	发现失误，采用能减少或消除失误后果，降低进一步失误或非预期的飞机状况可能性的对策，来进行回应的过程
基于循证训练（EBT）	具备通过核心能力，而不是通过单一事件或操作的表现，来改进和评估学员整体能力特征的训练和评估
促进技巧	主动训练方法，采用有效的提问，听讲和客观方法，在改进技能，态度，帮助学员开发洞察力和自我解决方式，最终提高理解力，记忆力和责任方面尤其有效
因素	影响意外或事故的报告情况

飞行机组成员	在飞行责任阶段中，承担飞机运行必要责任的授权机组成员
教员	为受训人或学员提供飞行执照，定级或认可实际训练的授权人员
测评人间可靠性	不同测评人所给分数的一致和稳定
航线定向飞行场景	包含代表航线运行的实际、实时、完整任务的场景模拟的训练和评估

注：应对包含一系列核心能力的情景进行特别强调。为了训练目的和机组成员的评估，情景对整个航线的运行环境进行了模拟。

演示	完成期望飞行路径的一系列有计划性行为。飞行路径可以通过许多方式完成，包括人工飞行控制和使用自动飞行系统
执行标准	对能力因素所需结果的简单评估陈述和用于判断表现是否达到所需水平标准的描述
飞行阶段	飞行中特定阶段
情景	训练模块的一部分，包括预定演习和训练事件
威胁	影响力超过飞行机组的事件或失误，增加了运行复杂性。必须管理这些事件或事物以保持安全范围
威胁管理	发现威胁，采用能减少或消除威胁后果，降低进一步失误或非预期的飞机状况可能性的对策，来进行回应的过程
训练事件	训练情景的一部分，训练一组能力
训练目标	由三部分组成的清晰描述，即期望表现或希望学员在训练结束（或训练特定阶段结束）时能完成的事件，确认学员能力水平必须贯彻的执行标准，和学员可展示能力的情况
不安全情况	导致不可接受的安全范围减少的情况

缩略语

A/C	飞机
AAL	高于机场平面
ACAS	机载防撞系统
ANP	实际导航性能
APP	进近
AQP	高级训练大纲
ATC	空中交通管制
ATO	批准的训练机构
ATQP	备用训练大纲
CAA	民航局
CAST	商业航空安全小组
CLB	爬升
CRM	机组资源管理
CRZ	巡航
DA	决断高度
DES	下降
EBT	基于循证训练
FAA	（美国）联邦航空局
FBW	电传操纵
FDA	飞行数据分析
FMS	飞行管理系统
FSTD	飞行模拟训练设备
GND	地面
GPS	全球定位系统
IATA	国际航空运输协会
IFALPA	航线运输驾驶员协会国际联合会
ISI	上座训练
KSA	知识、技能和态度
LDG	着陆
LOSA	航线运行安全审计

MDA	最低下降高度
MTOM	最大起飞重量
NAV	导航
Neo	新发动机选项
OEM	原设备厂家
Ops	运行
PF	操纵飞机的飞行员
PM	监控飞机的飞行员
PRM	精密跑道监控
RA	危机评估或 ACAS 措施通告

引 言

开展飞行员核心胜任力培训起源于循证培训所达成的全业界共识：为了降低航空器机身损坏和致命事故的发生率，有必要对航空公司驾驶员的周期性型别等级培训进行战略审查。现行航空公司的驾驶员培训基于早期对飞机机身损坏证据以及一种简单的看法，认为为了减缓某种风险，仅仅在培训方案上重复演练某一事件就足够了。随着时间的推移，将发生的新的事件逐渐加塞到现有的培训方案，从而产生了清单或“勾选框”式程式化官僚主义的培训做法。在循证培训理念中，要预测所有的事故情景是不可能的，特别是在今天的航空系统中，其复杂性和高度可靠性意味着下一个事故可能是完全意想不到的某种情况。循证培训处理应对这一问题不是靠纯粹基于情景的培训，而是优先揭示和评估关键胜任能力，从而获得更好的培训成果。但是循证培训针对复训，对所列举关键的核心胜任力的相互关系没有进行揭露，也没有指出具体从某一项核心胜任力开始培训，也没有指出如何培训飞行员核心胜任力。

本手册的目的在于，为各个培训机构，无论是航校还是航司的培训机构，揭示飞行员核心胜任力的关系，指出针对不同运营环境，如何客户化进行胜任力培训。

1 核心胜任力的起源和通用概念

1. 起　源

20 世纪 60 年代后期，美国国务院深感以智力因素为基础选拔外交官 FSIO（Foreign Service Information Officer）的效果不理想。许多表面优秀的人才，在实际工作中的表现却令人非常失望。在这种情况下，哈佛大学教授麦克莱兰博士（美国社会心理学家，1987 年美国心理学会杰出科学贡献奖得主）应邀帮助美国国务院设计一种能够有效地预测实际工作业绩的人员选拔方法。在项目过程中，麦克莱兰博士奠定了胜任力研究的关键性理论和技术。

1973 年，麦克莱兰博士在《美国心理学家》杂志上发表一篇文章：*Testing for Competency Rather Than Intelligence*。文章指出，传统的智力和能力倾向测验不能预测职业成功或生活中的其他重要成就，这些测验对少数民族和妇女是不公平的，并且人们主观上认为能够决定工作成绩的一些人格、智力、价值观等方面因素，在现实中并没有表现出预期的效果。因此，他强调回归现实，从第一手材料入手，直接发掘那些能真正影响工作绩效的个人条件和行为特征，为提高组织效率和促进个人事业成功做出实质性的贡献。他把这种直接影响工作业绩的个人条件和行为特征称为"胜任力"。

胜任力是指能将某一工作中有卓越成就者与普通者区分开来的个人的深层次特征，它可以是动机、特质、自我形象、态度或价值观、某领域知识、认知或行为技能等任何可以被可靠测量或计数的并且能显著区分优秀与一般绩效的个体特征。

2. 通用概念

胜任力，是指在特定工作岗位、组织环境和文化氛围中绩优者所具备的可以客观衡量的个体特征及由此产生的可预测的、指向绩效的行为特征。

3. 确认胜任力原则

确定胜任力的过程需要遵循两条基本原则：

（1）能否显著地区分工作业绩是判断一项胜任力的唯一标准；

（2）判断一项胜任力是否能区分工作业绩必须以客观数据为依据。

胜任力拥有三个特征结构：个体特征，行为特征和工作的情景条件。

个体特征，指人可以做什么，即胜任力中的“力”。它表明了人所拥有的特质属性，是一个人个性中的部分，包括知识、技能、自我概念（个体态度，价值观或自我形象）、特质（个体的生理特征和对情景或信息的一致性反应）、动机/需求。国内专家也普遍认为，知识和技能是显性的，而动机/需求和特质是隐藏的，位于人格结构的更深层，自我概念则在二者之间。

一般学者比较认可的是冰山模型和洋葱模型。冰山模型是指知识和技能漂浮在水上，是外界看得见、能够观察到的；而动机/需求则是隐藏在冰山之下，隐藏在海面，不容易被外界看到。麦克莱兰博士指出，水上的冰山部分是基准性特征，是对胜任者的基本素质要求，光通过知识和技能的评估，不能将优异者和平庸者进行区分；而水下的冰山部分（特质，动机/需求）是关键性区分特征，是主要区分优异者和平庸者的关键能力。如图 2.1 所示。

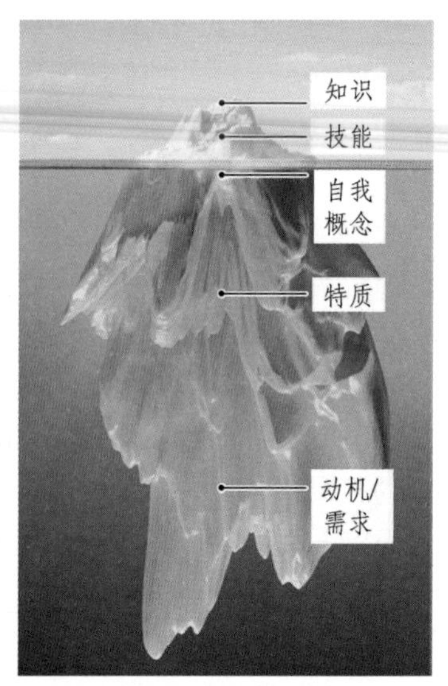

图 2.1 冰山模型

行为特征，指人会做什么，可以看作是人在特定情景下对知识、技能、态度、动机的具体运用。当然，在相似情景下，这种行为特征会反复出现。这些行为，也是具备胜任力的优质者的关键行为。

情景条件，指人的行为在一定的工作情景下表现出来。在不同职位、不同行业、不同文化中的胜任力是不同的，这就要求我们必须将胜任力的概念放置于人-职业-组织 3 者的框架里。例如，优秀的快递员在工作中表现出优秀的专业素质，但是不能在餐厅表现出餐厅服务员的胜任力。如图 2.2 所示。

图 2.2 情景条件的限制

2 关于飞行员核心胜任力

根据最新 ICAO 提供的核心胜任力培训和评估，胜任力培训应该基于以下框架标准进行使用，这种框架同样使用于飞行签派员、管制员和维修人员的核心胜任力培训和评估。以下列举的核心胜任力，在概念和描述上不应该再随意改变，目的是为了全球化统一标准。

1. 9 项飞行员核心胜任力（ICAO 公布的 8 项飞行员核心胜任力和“知识的应用”）

胜任力	
（1）程序的执行和遵守规章	
描述	可观察的行为（OB）
识别并应用符合公布操作指南和相应规章的程序	OB 1.1　找到程序和规章的来源。 OB 1.2　及时应用相关的操作指南、程序和技术。 OB 1.6　服从相应规章的要求。 OB 1.3　遵守 SOP，除非因安全原因需要适当的偏离。 OB 1.4　正确的操作飞机系统和相关设备。 OB 1.5　监控飞机系统状态。 OB 1.7　应用与程序相关的知识
（2）沟通	
描述	可观察的行为（OB）
无论处于正常或非正常情况，都能在运行环境中使用恰当的方式进行沟通	OB 2.1　确保沟通对象准备好并能够接受信息。 OB 2.2　选择恰当的主题、时机、方式及对象进行沟通。 OB 2.3　专递的信息清楚、准确、简洁明了。 OB 2.4　确保沟通对象展现了对重要信息的理解。 OB 2.5　积极倾听，在接收信息时表示理解。 OB 2.6　提出切题有效的询问。 OB 2.7　恰当使用递进的沟通方式，化解明显的意见不合。 OB 2.9　遵守标准的无线电通信术语和程序。 OB 2.8　以符合组织文化和社会文化的方式，使用并领会非言语沟通。 OB 2.10　用英语正确的阅读、理解、构建和回应数据链信息

续表

(3)飞行轨迹管理——自动飞行	
描述	可观察的行为(OB)
使用自动化控制飞行轨迹	OB 3.1 当针对某些条件已安装并可用时,恰当使用飞管、指引系统和自动化设备。 OB 3.2 监控并发现与期望飞机轨迹之间的偏差,采取恰当的行动。 OB 3.3 安全的管理飞行轨迹以获得最佳运行性能。 OB 3.4 使用自动化保持期望轨迹的同时管理其他任务和干扰。 OB 3.5 根据不同飞行阶段和工作负荷,及时恰当的选择自动化等级和模式。 OB 3.6 有效监控自动化,包括自动化的接通和模式的转换
(4)飞行轨迹管理——手动飞行	
描述	可观察的行为(OB)
使用手动控制飞行轨迹	OB 4.1 在符合当时条件的情况下运用手动准确、柔和的控制飞机。 OB 4.2 监控并发现与期望飞机轨迹之间的偏差,采取恰当的行动。 OB 4.3 运用飞机姿态、速度、推力之间的关联,导航信号或视觉信息手动控制飞机。 OB 4.4 安全的管理飞行轨迹以获得最佳运行性能。 OB 4.5 手动保持期望轨迹的同时管理其他任务和干扰。 OB 4.6 当针对某些条件已安装并可用时,恰当使用飞管和指引系统。 OB 4.7 有效监控飞行指引系统,包括接通和自动模式的转换
(5)领导力和团队合作	
描述	可观察的行为(OB)
影响他人为共同目标 作出贡献。依靠合作 达成团队的目标	OB 5.1 鼓励团队合作和开放的沟通方式。 OB 5.2 积极进取,在必要时指引方向。 OB 5.3 让他人参与计划的制定。 OB 5.4 考虑他人的意见。 OB 5.5 建设性地提供和接收反馈。 OB 5.6 用建设性的方式处理并化解冲突和分歧。 OB 5.7 必要时展现果断的领导力。 OB 5.8 为决策和行动承担责任。 OB 5.9 执行收到的指令。 OB 5.10 使用有效的干预策略来解决发现的偏差。 OB 5.11 管理文化上和语言上的难题(如适用)
(6)问题的解决和决策	
描述	可观察的行为(OB)
识别征兆,缓解困难;并制定决策。	OB 6.2 从合适的来源寻找准确充分的信息。 OB 6.1 及时的识别,评估并管理威胁与差错。 OB 6.3 适当时,识别并证实出现了什么问题以及原因。 OB 6.4 锲而不舍地解决的问题并坚持安全第一。 OB 6.5 找出并考虑恰当的选项。 OB 6.6 采取恰当及时的决策技巧。 OB 6.7 必要时监控、检查并调整决策。 OB 6.8 在没有现存指南或程序的情况下进行调整以适应当时的状况。 OB 6.9 面临意外事件时展现韧性

续表

(7)情景意识和信息管理	
描述	可观察的行为(OB)
察觉、理解管理信息，并预见其对运行的影响	OB 7.1　监控和评估飞机及其系统的状态。 OB 7.2　监控和评估飞机的能量状态以及期望的飞行轨迹。 OB 7.3　监控和评估可能影响运行的总体环境。 OB 7.4　证实信息的准确性并检查重大错误。 OB 7.5　保持对参与运行或受运行影响人员，以及他们能否按要求进行工作的意识。 OB 7.6　根据与威胁和差错相关的潜在风险，制定有效的应变计划。 OB 7.7　对情景意识降低的迹象作出反应
(8)工作负荷管理	
描述	可观察的行为(OB)
合理利用资源来制定任务的优先级和分配任务，以保持足够的工作负荷余量	OB 8.1　在所有情况下都进行自我控制。 OB 8.2　高效的计划、优先、排序适合的任务。 OB 8.3　执行任务时有效的管理时间。 OB 8.4　提供并给予协助。 OB 8.5　委派任务。 OB 8.6　当需要时寻求和接受协助。 OB 8.7　对行动认真地监控、检查和交叉检查。 OB 8.8　证实任务已经按照预期的结果完成。 OB 8.9　执行任务时能够对打断、干扰、变化和错误进行有效的管理并从中恢复
(9)知识的应用	
描述	可观察的行为(OB)
展现与信息、操作指南、飞机系统和运行环境相关的知识和理解	OB 0.1　展现出对于限制和系统以及它们之间相互影响的实用的、恰当的知识。 OB 0.2　展现出具备公布操作指南需要的知识。 OB 0.3　展现出关于自然环境、空中交通环境包含航路 、天气、机场和运行基础设施的知识。 OB 0.4　展现出适用法律所需的恰当知识。 OB 0.5　知道从何处获取信息。 OB 0.6　展现对获取知识的积极兴趣。 OB 0.7　能够高效地对知识进行应用

以上 9 项飞行员核心胜任力，可以稳定地预测出飞行员在飞行中优异的表现。CRM 的技能也很好包含在了飞行员核心胜任力。其中每一项飞行员核心胜任力的“可被观察的行为”很好描述了与飞行员工作相关的行为表现，这些行为表现可以被测评和观察出来。需要重点提醒的是，这 9 项飞行员核心胜任力最好不要再改变或重新定义，为的是全球化统一标准。然而对于每一项飞行员核心胜任力中“可被观察的行为”而言，并不只是框架中的这么几项，或有更多，不仅仅是框架中所提及的“可被观察的行为”。

2. 梳理下来的 9 项飞行员核心胜任力

（1）知识的应用；

（2）程序的执行和遵守规章；

（3）沟通；

（4）飞行轨迹管理——自动飞行；

（5）飞行轨迹管理——手动飞行；

（6）领导力和团队合作；

（7）问题解决和决策；

（8）情景意识和信息管理；

（9）工作负荷管理。

3 飞行员核心胜任力相互关系和构建

1. 9 项飞行员核心胜任力包含内容

如前所述，再次强调 9 项飞行员核心胜任力为

（1）知识的应用；

（2）程序的执行和遵守规章；

（3）沟通；

（4）飞行轨迹管理——自动飞行；

（5）飞行轨迹管理——手动飞行；

（6）领导力和团队合作；

（7）问题解决和决策；

（8）情景意识和信息管理；

（9）工作负荷管理。

2. 那么核心胜任力之间的关系是什么

根据《航线运输驾驶员整体课程训练大纲》对飞行员养成分析，框架如下。

<table>
<tr><td colspan="3">飞行学员 首次出现的 行为指标分布统计</td></tr>
<tr><td colspan="3">统计学员数量：53 人</td></tr>
<tr><td colspan="3">取样周期：2014—2019 年</td></tr>
<tr><td colspan="3">航线运输驾驶员整体课程训练大纲</td></tr>
<tr><td colspan="3">单发陆地飞机私用驾驶员执照训练</td></tr>
<tr><td></td><td>行为指标 OB
（出现行为指标的人数/总人数）</td><td>行为指标对应的胜任力代码</td></tr>
<tr><td>本场筛选阶段
FTD01-FL09</td><td>OB1.1（53/53）
OB1.2（53/53）
OB1.6（53/53）
OB2.1（51/53）
OB4.1（49/53）
OB4.2（49/53）
OB0.5（53/53）
OB0.6（47/53）</td><td>（1）
（2）
（4）
（0）</td></tr>
</table>

续表

本场及单飞阶段 FTD03-FL13	OB2.2（49/53） OB2.3（49/53） OB5.9（47/53）	（2） （5）
本场及转场单飞阶段 FL14-FL25	OB2.4（47/53）	（2）
本场及转场单飞阶段 FL26-FL35	OB2.9（49/53） OB0.2（49/53）	（2） （0）
仪表等级训练		
基本仪表飞行阶段 FTD06-FL43	OB4.3（49/53）	（4）
仪表进近转场阶段 FTD11-FL53	OB4.4（49/53）	（4）
多发陆地飞机商用驾驶员执照训练		
单发机动飞行阶段 FL54-FL68	OB1.3（21/53） OB1.4（45/53） OB1.5（49/53） OB2.5（38/53） OB7.1（38/53） OB7.2（30/53）	（1） （2） （7）
单发综合飞行阶段 FTD23-FL82	OB2.6（38/53） OB2.7（38/53） OB4.5（30/53） OB5.1（15/53） OB5.2（15/53） OB5.3（38/53） OB5.4（38/53） OB5.5（15/53） OB6.1（15/53） OB7.4（13/53） OB8.4（48/53） OB8.6（48/53） OB0.3（13/53）	（2） （4） （5） （6） （7） （8） （0）

续表

<table>
<tr><td>多发复杂飞机阶段
FTD26-FL95</td><td>OB6.2（45/53）
OB6.3（45/53）
OB6.4（8/53）
OB6.5（45/53）
OB8.1（49/53）
OB8.2（8/53）
OB8.5（15/53）
OB8.7（8/53）</td><td>（6）
（8）</td></tr>
<tr><td>整体大纲训练中未体现行为指标</td><td>OB1.7
OB2.8
OB2.10
OB3.1 ~ 3.6
OB4.6 ~ 4.7
OB5.6 ~ 5.8
OB 5.10 ~ 5.11
OB6.6 ~ 6.9
OB7.3
OB7.5 ~ 7.7
OB8.3
OB8.8 ~ 8.9
OB0.1
OB0.4
OB0.7</td><td>（1）
（2）
（3）
（4）
（5）
（6）
（7）
（8）
（0）</td></tr>
</table>

需要特别说明：本次采样了 53 名飞行学生的养成训练情况，将这些学生在《航线运输驾驶员整体课程训练大纲》的训练表现进行分析。

本次分析，把核心胜任力“可被观察的行为”的“首次出现”按照训练阶段进行梳理：本场筛选阶段，本场及单飞阶段，本场及转场单飞阶段，基本仪表飞行阶段，仪表进近转场阶段，单发机动飞行阶段，单发综合飞行阶段，多发复杂飞机阶段。此大纲是目前中国民航飞行员养成训练采用最多的训练大纲，具有养成飞行员的宝贵经验。

3. 从分析中得出的结论

（1）一些核心胜任力在训练的初始阶段反复训练，无论是私照前期，还是仪表飞行前期；

（2）对于个别核心胜任力在训练的整个过程都在强调和训练，并且此类核心胜任力

的“可被观察的行为”也是在整个过程分散出现；

（3）对于部分核心胜任力在训练的后半部分才予以强调和出现，尤其是一些非技术类的核心胜任力；

（4）航线运输驾驶员整体课程训练大纲中，也会有一些“被观察的行为”未出现，原因在于，一方面大纲初衷不是基于核心胜任力培训；另一方面受到运行环境的影响，例如由于 PA-44 未安装自动驾驶设备，“飞行轨迹管理——自动飞行”的所有“可被观察的行为”在大纲训练中就未出现；

（5）站在客观角度分析，目前航线运输驾驶员整体课程训练大纲与航司需求之间的矛盾日益加深，原因很可能是由于飞行员核心胜任力需求，在大纲中未被充分训练和重视，也是由于在大纲中 SRM 和 CRM 训练单纯强调核心胜任力相关的非技术技能，而没有将核心胜任力的具体行为表现与飞行学生相联系，没有指出非技术技能的具体培训方式，还是更多基于科目的重复性训练。飞行学生可能意识到自身某一项能力的不足，却无从下手，这也是当前全球大多数训练大纲的弊端。

除了对航线运输驾驶员整体课程训练大纲的分析研究外，团队在进行 UPRT 课程研究和开发过程中，也发现出了同样的核心胜任力培养的规律，关于 UPRT 课程的研究结合了 *Upset Recovery Training Aid 2*、*AUPRTA（Rev3.0）*、ICAO100011 等手册。

通过上述研究分析，飞行员核心胜任力培训应该遵循以下几条规律。

（1）核心胜任力的培养，应该是分阶完成，目前至少应该分为 4 个阶级：前提性阶段，基础，进阶，高阶。

（2）针对具体每一项核心胜任力，尤其是此类核心胜任力体现在了整个飞行员养成过程中，那么此类核心胜任力就应该对其“可被观察的行为”进行分级，也就是一项核心胜任力所有的“可被观察的行为”进行分级。这种分级，应该按照培训需求进行。

（3）核心胜任力的培训，应该从飞行员个体情况进行，但是始终脱离不了这一顺序：前提性核心胜任力、基础核心胜任力、进阶核心胜任力、高阶核心胜任力。高阶核心胜任力是建立在前提性、基础、进阶核心胜任力之上，没有前 3 者核心胜任力就没有高阶，不会飞就不知道怎么飞。

（4）对于核心胜任力的评估，同样遵循上述的规律，如果基础核心胜任力出现不通过的情况，那么评价高阶核心胜任力就毫无意义。

（5）技术类核心胜任力培训依赖于技术类培训，非技术类核心胜任力就不仅仅依赖于传统驾驶舱训练，因为非技术类核心胜任力更多是飞行员内在潜质的表现，我们有理由相信，在非驾驶舱表现出来的非技术类核心胜任力，在正向迁移引导下，可以同样在驾驶舱表现。非技术类核心胜任力的初始建立，可以放在一些其他培训方式上，当然，如果运营人有在驾驶舱培训的方式，效果会更显著；

（6）关于比较特殊的“知识的应用”此项核心胜任力，应该放在每一项核心胜任力培训之前，对相应核心胜任力的知识进行更新。

4. 飞行员核心胜任力的相互关系

核心胜任力阶段	飞行员核心胜任力	
前提性核心胜任力	知识的应用	
基础核心胜任力	飞行航迹管理——手动飞行 飞行航迹管理——自动飞行 程序的执行和遵守规章 基础沟通 OB2.1～2.5，2.9	基础情景意识和信息管理 OB7.1～7.4
进阶核心胜任力	沟通 OB2.6～2.8，2.10	进阶情景意识和信息管理 OB7.5
高阶核心胜任力	领导力和团队合作 工作负荷管理 问题解决和决策	高阶情景意识和信息管理 OB7.6～7.7

核心胜任力分类	飞行员核心胜任力	
知识	知识的应用	
技术类核心胜任力	飞行航迹管理——手动飞行 飞行航迹管理——自动飞行 程序的执行和遵守规章	基础情景意识和信息管理 OB7.1～7.4
非技术类核心胜任力	基础沟通 OB2.1～2.5，2.9 沟通 OB2.6～2.8，2.10	进阶情景意识和信息管理 OB7.5
	领导力和团队合作 工作负荷管理 问题解决和决策	高阶情景意识和信息管理 OB7.6～7.7

5. 说　明

（1）“知识的应用”是其他 8 项飞行员核心胜任力的前提，需要在培训每一项核心胜任力之前对相应知识进行更新。

（2）“飞行航迹管理——手动飞行”和“飞行航迹管理——自动飞行”大致属于平行关系，因为中国训练条件影响和人学习规律，“飞行航迹管理——手动飞行”应该在“飞行航迹管理——自动飞行”之前，是“飞行航迹管理——自动飞行”的基础。

（3）“基础情景意识和信息管理”是技术类核心胜任力的基础，没有一定的情景意识和信息管理，那么技术类核心胜任力的搭建毫无意义，如果没有技术类核心胜任力的载体，即使拥有一定的情景意识和信息管理，也达不到安全的底线。“基础情景意识和信息管理”和“飞行航迹管理——手动飞行”“飞行航迹管理——自动飞行”“程序的执行和遵守规章”是相互作用的关系，同样的道理也使用于上述框架后面的“进阶情景意识和信息管理”“高阶情景意识和信息管理”。

（4）对于上述框架的进阶核心胜任力，主要是“沟通”。“沟通”此项飞行员核心胜任力，是飞行员在具备技术类核心胜任力的基础上，连接非技术类核心胜任力的桥梁，起承上启下的作用。

（5）最后在高阶核心胜任力中，“领导力和团队合作”“问题解决和决策”“工作负荷管理”没有顺序之分，3 者是相互联系的关系，不存在明显因果关系或者说是递进关系，这 3 项核心胜任力是最终解决 TEM 中识别和管理的高阶能力，尤其是对威胁和差错的识别和管理。

（6）学习和培训的顺序如上述框架的顺序：前提性核心胜任力，基础核心胜任力，进阶核心胜任力，高阶核心胜任力。一旦运营人开始进行培训，首先需要对飞行员的核心胜任力进行评估，根据飞行员现有的核心胜任力进行评估后再培训，如果飞行员拥有了基础核心胜任力，那么运营人评估确认后就可以从进阶核心胜任力开始培训，进行飞行员个体化培训、不同航司客户化培训。飞行员核心胜任力搭建如图 2.3 所示。

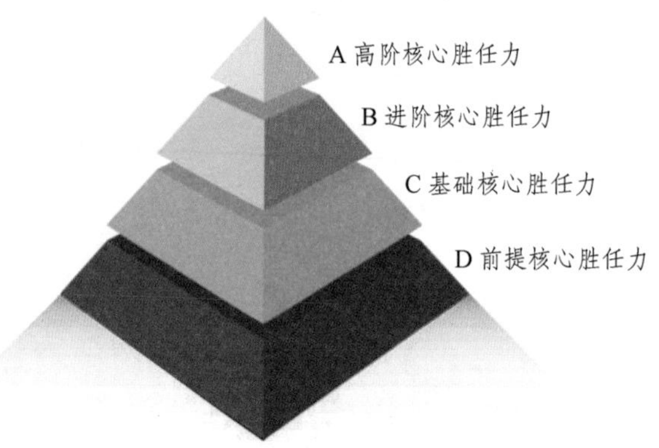

图 2.3　飞行员核心胜任力搭建

4 飞行员核心胜任力培养课程编制方案

开展基于飞行员核心胜任力的培训和评估应该基于一种系统性做法，从而确定胜任力及其标准。要在确定的核心胜任力基础上进行培训，并进行评估以确定这些核心胜任力是否已得到实现。

基于飞行员核心胜任力的培训和评估的做法应至少包括以下特征：

（1）通过系统性分析来判断培训需求的合理性和确定评价指标；

（2）采用职责和任务分析来确定绩效标准、开展工作的条件、任务的重要性，以及知识、技能和态度清单；

（3）明确学员群体特征；

（4）从任务分析中得出培训目标并以一种可观察到的和可衡量的方式表述培训目标；

（5）开展参照标准、有效、可靠和注重绩效的测试；

（6）编制基于成人学习原则的课程，以获得取得核心胜任力的最佳途径；

（7）开展依据教材的培训；

（8）采取连续评估流程，以确保培训的有效性及其航线运行的相关性。

像其他教学系统设计方法一样，国际民航组织课程编制方法采用一种系统性培训编制方法。因此，它对于支持遵守各项要求和开展相关培训活动的经批准的培训机构来说是一个质量保证工具。为此，经批准的培训机构须确定需要实现的关键胜任力，确定实现这些胜任力的最有效方式以及创建评价实现这些胜任力的有效和可靠的评估工具。

然而，如果没有所有利害攸关方的支持，这样的工具就无法有效发挥作用。利害攸关方包括参与管理、教学设计、授课、教学评估、执照颁发、运作的人员，当然也包括学员。成功实施基于核心胜任力的培训和评估在很大程度上取决于机构各级部门对这一系统性做法的支持。

国际民航组织课程编制方法有 3 大类：分析、设计和制作、评价，又可以细分为 9 个阶段。

类别	阶段	产出
分析	第一阶段——初步分析	培训建议、其理由和拟议的行动方针
	第二阶段——工作分析	任务描述和绩效标准
	第三阶段——培训对象分析	学员的特点与现有技能和知识

续表

类别	阶段	产出
设计和制作	第四阶段——课程设计	培训目标、掌握情况测试和单元的次序
	第五阶段——单元设计	授课方式、训练技巧和手段、起草培训材料
	第六阶段——制作和研发测试	制作所有学员材料
评价	第七阶段——验证和修订	试用课程并根据需要进行修订
	第八阶段——实施	经过培训的人力资源
	第九阶段——培训后评价	评价培训效果；补救行动计划

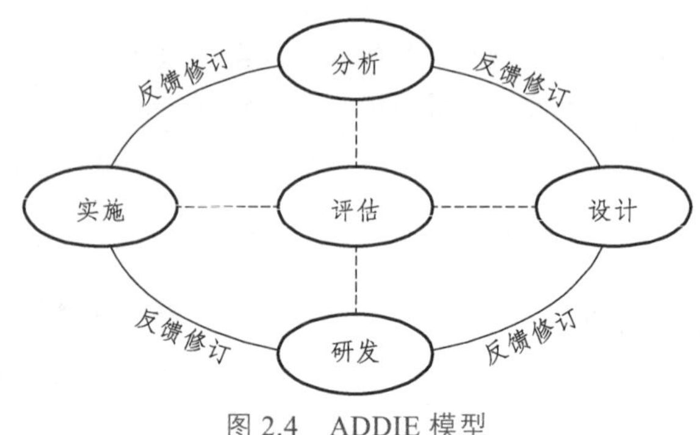

图 2.4　ADDIE 模型

1. 第一阶段——初步分析

该阶段的目的是向管理层提供所需信息，以便使领导层就是否需要进行培训做出决定，如果需要，采用何种培训策略。这包括两组相关活动：问题分析和培训需要分析。通常要发现一个工作绩效问题。为了精确地界定问题，采用一种系统做法来发现征候、受影响的系统和原因。

一个问题通过其征候来加以界定，而征候可以被定义为期望的绩效与实际绩效之间的差异。在征候能够被有意义的描述之前，有必要确定“期望的绩效标准”。“期望的绩效标准”应该被解释为一个系统的产品标准或流程标准，我们可以对照标准来比较实际的产品/流程。因此，当一个系统的产品/流程的用户/客户或其他有关人员认识到这种差异并发出不一致信息或警报（系统的反馈组部分）时，就产生一种征候。所以，征候是影响系统的产品/流程的绩效问题的一个后果。

绩效问题的原因与被分析系统的投入和流程直接关联。原因可能是外部的，例如来自其他系统或子系统的投入不适当。原因也可能是内部的，例如是流程本身的一部分。

确定受影响的系统是明确界定绩效问题的关键。它指明可以采用的培训解决方案和非培训解决方案。通常，受影响的系统与分析中必须加以考虑的其他系统或子系统相关联。

当设计一个新系统时，系统做法也是有用的。就新系统与其他系统/子系统的相互关

系而言，为新系统选择在总体组织结构中的适当位置是非常重要的。

一旦问题被明确界定，可能认为有必要开展新的基于核心胜任力的培训，安排其他培训或采取非培训方法。如果要开展新的基于核心胜任力的培训，应该制定培训实施计划，其中包括所需资源的详细情况。通常情况下，初步分析会表明组合在一起的几种解决方案优于单一的解决方案。

如果决定开展基于核心胜任力的培训，便应就可能的教学模式做出决定。例如，培训是应该采用经过验证的基于核心胜任力的培训材料还是依赖教员做出判断？教学应该是个性化还是采用小组形式？

经过验证的基于核心胜任力的培训材料采取的是表明有效的、精心编织并可重复使用的成套教材。经过验证的课程据说是依据材料，而不是依赖于教员进行的。前者是国际民航组织课程编制中使用的主要形式，但在某些特定和有限的领域（如对极少数专业技术人员进行新设备培训），则不应排除依赖教员的培训。通常为整个培训课程只做一次这样的决定。

在有些情况下，机构可能发现对建议的解决方案的有效性进行评估是有用的。这种评估可以通过成本效益或风险管理分析来完成。如果要编制一个培训课程或方案，还应预先考虑制定一个计划，随后对培训之后产生的实际效果进行评价。

2. 第二阶段——工作分析

培训应该旨在使所有合格学员都能够以可接受的胜任力水平执行他们的任务，通过工作分析可以界定可接受的胜任力水平。重要的是，培训课程要注重使学员能够胜任地执行任务，而不仅仅是“学习”或“理解”该课程。工作和任务分析有两重目的：收集关于工作如何、在哪里进行，以及用什么资料进行的信息，以界定所需知识、技能和态度，并确定工作绩效目标。

工作和任务分析的主要步骤：

（1）收集和分析来自实地的现有相关文件和资料；

（2）获得课程专家对工作绩效标准的共识；

（3）检查分析的正确性；

（4）审查资料。

在步骤（2）中，有一种特别成功的方法，称为编制课程会议。这是在课程编制团队引导下在两三名课程专家之间进行一种有指导的集思广益献计献策形式。通过系统地取得对工作看法的共识，避免差错和遗漏。在步骤（3）期间，通过对工作的直接观察和交换看法，对步骤（2）中编制课程会议的结果予以补充。在步骤（4）中，执行者可能会发现执行某些任务的其他方法，这些方法可能证明是有效的。如果是这样，课程专家应当审查和修订任务分析报告。

一项工作可以被分解成若干个功能。每个功能代表具有不同特性的工作的一个主要分项。某个功能可能为一些工作所共有。每个功能可以被分解成若干个操作，他们根据

详细程度被称为任务、子任务或任务要素。通过构成功能的任务的结果，可以观察和衡量一个功能的结果。

任务可以被视为一个包括投入、流程、便准、产出/产品和反馈的系统。

子任务是一项任务过程中的单一步骤：它是可衡量和可观察的，需要运用一些知识、技能和态度来完成。流程标准是每个子任务的安排执行次序和正确执行方法。与一位课程专家确定每个任务流程（子任务的次序）的充分依据。

往往很难说某个活动是否应该被称为功能还是任务、子任务或任务要素。根据情况，同一活动经常被贴上不同的标签。这个阶段的主要目的是有助于在进行课程编制的后续阶段描述各项操作。

系统组成部分	任务特点
投入	触发事件： 设备、工具、工作辅助工具、文件、参考文献
流程	执行所有必要的步骤（即子任务）来实现产出/产品，其措辞应该采用一个主动式动词
产出/产品	流程的一个可衡量和可观察的结果； 一个终止事件
产品标准	关于产出/产品应该是什么样子的规范
反馈	产出/产品与标准之间比较的结果： 如果结果是符合标准的，则达到任务的终止事件； 如果结果不符合标准，则必须再次启动任务流程，直到产出/产品符合标准为止

知识、技能和态度是执行者执行一项子任务所需要的，即基础知识（回忆）、潜在的认知技能（分类、问题解决、使用规则等）、心理运动技能和态度。

并非所有任务都一定需要任务分析。但对于所有关键任务来说任务分析是必需的。可通过考虑以下因素来确定一项任务的关键性：

（1）可以通过提出问题来确定重要性：如果任务执行的不正确或根本不执行，后果有多严重？

（2）可以通过提出问题来确定难度：学员工作出差错的频率是多少？

（3）频率可通过执行任务之间的平均时间规范来描述。

（4）被认为关键的任务会在培训期间予以强调，因此，需要有关这些任务的所有相关资料。

在为一特定任务进行任务分析期间还收集其他数据，如触发事件和终止事件，关于任务应该如何进行的描述，需要的知识、技能和态度，执行任务中的任何特殊困难，执行任务所需的投入（环境条件、设备、文件等），以及评价工作绩效所要求的标准等。绩效标准要明确区分正确的或可接受的绩效与不正确或不可接受的绩效。如果是可观察到的和可衡量的，产品标准要描述一项任务的预期产出。流程标准规定执行一项任务应该采取的方式，并提供评价绩效的方法，即使没有产出。

以上所描述的任务分析方法是广泛和常用的，但也确实存在其他方法，如有两个此类方法：

（1）认知任务分析。该方法是用来解决在工作绩效中更多地转向认知技能。飞行机组的工作可以被认为具有很强的认知成分。认知任务分析的目的是概述以高度熟练水平执行一项任务所需的心理过程和技能。虽然认知任务分析方法是资源密集型的，但它是对一般任务分析方法的补充。由于详细描述认知任务分析的方法和技巧不属于本手册的研究范围，具体可以参考相关人为因素的资料。

（2）团队任务分析。虽然一般任务分析着重于个人行为，但更精密和复杂的环境中的工作越来越多是由团队进行的。团队任务分析方法被用来确定关键的团队行为。由于团队任务分析方法和技巧不属于本手册的研究范围，具体可以参考相关人为因素的材料。

3. 第三阶段——培训对象分析

该阶段的目的是研究目标学员以确定他们已经具有的知识、技能和态度，并收集关于潜在学员偏好的学习方式和社会语言环境的信息，所有这些都会对培训设计产生影响。

学员可能是一个包括不同年龄、有经验的人员和新招聘人员等多种情况人员的组合体。所有这些信息对于确定学员已具有的知识、技能和态度以及设计最适合的教学方案都是十分重要的。

可以通过一种比“传统系统”更加灵活的单元培训设计来满足具有不同经验的学员的需要。在一个单元系统中，每个重大任务需要一个单元，该单元包含明确的绩效目标、练习、讲义、和测试。单元系统可设计成使学员在进入课程时处于在练习和测试中无法取得成功的水平。

培训对象分析也是一个启动于学员进行对话的机会，所以他们可以表示在培训设计中应加以考虑的态度等。应该在整个培训过程中保持这种对话，以确保对学员的学习问题、反应和态度给予应有的注意。这种对话是有价值的，不仅因为它提供信息，还因为当学员被征求意见并得知他们的需求得到考虑时，有助于营造积极的氛围。

4. 第四阶段——课程设计

进行课程编制的步骤：

（1）确定工作辅助工具的使用法；

（2）重申培训的目的；

（3）根据第二阶段所确定的任务设定终点目标；

（4）概述为每个终点目标进行的基于胜任力的掌握情况测试；

（5）为每个终点目标列出相关的使能目标；

（6）检查目标是否涵盖了该项工作的所有知识、技能和态度要求；

（7）确定各项使能目标的可能相似之处；

（8）所有目标的次序；

（9）将目标分组成为各培训单元并确定各单元的次序。

第四阶段的步骤（1）是确定是否通过开发工作辅助工具或培训，或者通过两者最好地提供了所需知识、技能和态度。工作辅助工具是可提供工作中使用的任何设备，旨在通过扩展执行者保留和利用信息（例如数值表、检查单、指南和表格）的能力，便于正确执行任务。开发工作辅助工具的成本小于培训，并且实施成本通常较低。有时工作辅助工具在有效性方面优于培训，不管相对成本多少。重点应放在只提供工作辅助工具不能被取代的培训上。

对于涉及可以完全描述的许多简单操作或者程序的任务来说，制备工作辅助工具是特别好的解决方案。工作辅助工具对不经常执行、需要高精确度但不需要速度，包括许多必须按固定次序执行的抉择时刻，或者频繁变动的任务来说也很有用。

第四阶段的主要目的是提供关于培训旨在实现什么，即培训目标，和将如何测试这一成绩的详细信息。这些目标将描述学员在培训后必须能够做什么。目标应该以可衡量的绩效（要实现的具体结果）来表示。

每个培训目标应该包括描述学员培训后应具有的工作表现或状态、学员执行任务的条件，以及学员执行任务应该达到的标准。

在第一阶段已规定的培训总目的可能需要若干类型的目标。某一特定课程可有若干终点目标，每个终点目标对应一个任务。反过来，每个终点目标可有若干使能目标，使能目标描述所要求的子任务绩效。最后，培训后目标描述学员在一个规定的工作实习期之后应该能够做什么。

第四阶段的另一个目的是准备有效和可靠的测试，以衡量是否实现了培训目标。为使测试起作用，测试必须是有效和可靠的。当测试衡量了测试设定要衡量的目标时，它就是有效的。测试与绩效目标匹配得越紧密，测试就越有效。可靠的测试是在不同的教员进行测试时都会取得一致结果的测试。更确切地说，可靠的测试会使得几位教员对一个学员的表现给出相同的评价。这意味着建立教员有关如何进行测试的明确说明和精确、毫不含糊的评价工具（评分答案）。

在国际民航组织课程编制方法中，提倡采用标准参照测试。当将一名学员的表现与其他学员的表现相比，并根据这种比较做出判断时，这就是一种常模参照测试。例如，当相互参照学员们的表现对他们进行排名时，这是一种常模参照评价。当对比一项客观标准（而不是对比另一测量结果）进行衡量时，这是一种标准参照评价。

在国际民航组织课程编制方法中，采用掌握情况测试来确定一个学员是否达到终点目标所设定的绩效标准。这种培训标准尽可能与工作和任务分析期间所设定的相应标准密切相关。在测试过程中评估的条件、行为和标准应尽可能接近地复制培训目标中对特定任务或子任务所描述的情况。如果学员在掌握情况测试中证明已经达到或超过该标准，该学员即通过测试，不涉及与其他学员分数的比较。这就是“及格或不及格”的概念的含义。

在设计单元、讲义和培训手册（第五阶段）之前设计测试似乎与多数常规培训相背离。然而，在这一时间点设计掌握情况测试有两个重要功能：它确保测试的设计重点放在如何使学员达到培训目标上，并且遏制在设计测试中存在的注重培训材料而不是工作绩效的一种自然倾向。

学员对测试的态度会受测试方式的影响。这种态度可以从合作到极端敌视不等。适当的测试管理有助于学员采取一种积极、合作的态度。

向学员反馈和讨论测试结果应该成为标准做法。应把测试结果作为诊断工具，帮助教员和学员采取补救措施以确保掌握培训技能，并应从与具体目标相关的表现角度，对测试结果进行分析。测试结果应该只有两个等级——及格与不及格。如果学员达不到标准，应通报该学员课程不及格。

此外，要指出两个处理选项采取哪一选项：（1）该学员已参加课程，但未能圆满完成；（2）将安排学员就未能通过的单元接受进一步培训。在确定学员是否应该接受进一步培训时，应考虑学员未能通过的单元是否与那些被评估为关键的任务相关。

5. 第五阶段——单元设计

培训策略最有效地利用现有资源、技术、需求和制约因素，确保学员达到他们的培训目标。总体策略必须考虑目标人群的数量和特点、所需资源（例如设备、资金和设施）、课程的编排问题和可重复性。这些考虑因素将决定选择何种教学方法、实习量、授课方式、手段选择、测试和次序。

在第四阶段已决定将目标分组成为各单元并确定这些单元的次序。培训策略一旦确定，便进行单元设计。每个单元设计应确保学员能够按单元末尾所要求的标准达到单元的目标。这通常要求单元遵循以下次序：

（1）引起注意和激励学员；

（2）显示学员在学习之后将能够完成什么任务（目标）；

（3）解释将如何测试成绩；

（4）激发回忆必要的学习；

（5）逐条说明所要学习的主题事项内容；

（6）为学员提供活动的机会（部分实践，全面实践）；

（7）通过对学员的实践提出反馈意见，强化学习；

（8）评估学员的表现（掌握情况测试）；

（9）巩固所学知识技能，以便能够应用于其他场合。

为每个单元和每个单元内教学活动选择授课方式取决于很多因素。这些因素的重要性可能根据不同的目标而不同。各单元（进而一套完整的培训课程）可以包括个人化培训和团体培训。

在课程编制过程中最有创意的决策是培训技巧的选择。当培训技巧是令人愉快的，并能使学员活跃时，它便会产生最佳的学习效果。然而，一种培训技巧如果使用过于频繁，对它的乐趣会逐渐消失，因此，需要寻求变化。正如在一堂课或一单元内改变授课方式的空间一样，也要有改变培训技巧的空间。培训技巧包括讲课、演示、指导小组讨论、角色扮演、案例研究/项目、游戏、实验室实习、指导下实践、无领导小组讨论、实地考察、自定进度学习、独立学习、辅导、指导下实践和在职实践等。

每种培训技巧，通常都有若干项向学员提供信息的不同手段，应该选择符合培训目标的手段。例如，如果该信息包括运动，譬如解释雷达显示器上的移动情况，就应采用可以代表运动的某种形式的手段。根据不同的学习要求，选项包括现场演示、电子学习、模拟、多媒体投影、课本和教员。有时需要特殊的效果，如停止运动或慢动作。

有 4 个主要因素支配着对手段的选择：教学的适当性、经济型、简单性和可用性。为了满足教学适当性的要求，选择手段应该考虑授课方式、教学目标和要学习的能力类型，例如口头和运动技能。因为某些手段代表一种相当大的投资，可能有必要提前筹划和找到折中办法，这可能会限制未来的决定。目标应该是选择硬件，以便尽可能灵活地保持选项。

6. 第六阶段——制作和研发测试

国际民航组织课程编制方法旨在为每一门课程编制一套全面和标准化的培训材料。每套培训材料包含该特定课程所需的所有材料，以一种让任何主任教员都能够轻松授课的方式编排。在第六阶段中，编制实现每个单元培训目标所需的所有必要的培训材料，即详细的教学计划、教员的讲稿、学员手册和讲义材料，以及视听材料或其他培训材料。

为确保培训材料是有效的并适合学员，至关重要的是在编写培训材料和进行必要的修订时要试用该材料，尤其是应该尝试进行掌握情况测试。应该对每一测试进行验证，确保测试（1）反映目标的条件、绩效和标准；（2）根据主题事项专家的审查在技术上是准确的；（3）针对学员中的熟练和非熟练执行者抽样进行。高比例的熟练执行者应该及格，而高比例的非熟练执行者应该不及格。如果“优秀的执行者”的测试成绩不好，课程编制人员应该确保测试所涉及的课程目标是有效的，即该任务实际上是工作的一部分。

一旦培训材料经过研发测试和修订，下一步是以适合验证和以后使用的形式完善和整合培训材料。所有材料都应该由课程专家检查其技术内容和准确性。格式和编排应该标准化，这将便于制作。培训材料必须有吸引力、格式正确并符合课程设计。

7. 第七阶段——验证和修订

在第七阶段，评估基于胜任力的教学材料有效指导学员在掌握情况测试中成功过关创造佳绩的能力。测试结果通常不会显示 100%的实验学员组 100%的达标。这可能是由于在此阶段培训材料仍有一些问题；测试本身，即使经过研发测试后，可能还不是一个完美的衡量工具；或受测学员可能并不代表所有学员。考虑到这些缺点，通常采用一个

有效标准，有效标准规定 80%的学员应该达到 80%的目标。应该根据工作中要执行的任务的重要性来确定有效标准。

在验证授课情况时，应该对具有代表性样本的学员教授该课程，并认真记录他们的回答和反应。为了确保准确的验证结果，需要学员的大样本。教员应实施培训，而课程编制人员观察和做笔记。应该对验证授课的相关数据进行分析，并决定需要进行哪些修订。最令人关注的数据涉及在培训结束时未能达到的目标，以及为什么没有达到目标。应该对未达到验证标准的任何单元进行修订。如果修订是大量的，则应进行另一次验证。

如果培训材料的收效甚微，可能会引起一些反应：测试成绩低；参与者和教员对教材的负面评论；参加培训的人一旦被派往实地工作，不能完成任务；差错百出或过度依赖主管。

8. 第八阶段——实施

验证之后，经修订的培训材料应该用于正规授课。培训授课，从最广泛的意义讲，包括预测授课量、课时安排、招募学员、备课和授课，以及效果评价，还包括对学员回到工作岗位的情况。

实施培训方案的质量不仅取决于教材的质量，而且取决于教员的资格和行政支持的有效性。

9. 第九阶段——培训后评价

对开发方法特别是在研发测试和验证过程中的若干时间点进行培训评价。然而，在相当数量的学员完成课程之前，不能进行较高级别的评价。较高级别的评价是晚些时候的课程后评价，即最后阶段——第九阶段。课程后评价的目的是确定培训方案在多大程度上达到了其设计的目的和是否需要采取纠正措施。

评价有 4 级：

（1）1 级——学员对培训过程的反应；

（2）2 级——学员实现课程结束后各项目标的情况；

（3）3 级——前学员返回工作岗位后的工作绩效；

（4）4 级——培训对本组织的业务目标，如服务质量和生产力产生的影响。

在 4 个评价级别的每一级，需要对培训的实际效果与设定目标时想要达到的效果进行比较。

（1）在 1 级，评价学员的课堂反应是否与第五阶段选择培训技巧时所希望的反应相同；

（2）在 2 级，评价学员是否切实学会了在第四阶段表述为培训目标的任务；

（3）在 3 级，深入了解当学员返回其工作岗位后，他们的表现是否提高到第二阶段所要求的标准；

（4）在 4 级，评价培训是否实现了在第一阶段言明的整个培训方案的目标：提高本组织的运营绩效。

3 级，特别是 4 级的目标衡量是复杂的，因为现实情况是培训一般来说并不是操作问题或个人表现问题的唯一解决方法。培训可能是优良的，但如果管理部门未能采取其他认为是必要的解决办法来解决问题，例如改变工作环境、工具和监管做法，那么在 3 级和 4 级可能不会得到预期的改进。此外，如果不同时采取其他解决方法，可能很难单单看出培训的贡献。

对特定课程进行评价的范围取决于培训的重要性以及可利用的时间和资源。建议最起码应常规进行 1 级和 2 级的评价。一般来说，应努力评价课程对工作绩效的影响（3 级）。这可采取从前学员的主管人获得书面反馈意见的形式，或采取在培训后几个月内报告工作表现方面不足的形式——一个相对适度的举措。如果条件允许，可以更广泛地研究课程对工作绩效的影响。在操作问题未得到解决的情况下可进行 4 级评价，有必要确定如何修改培训或其他解决办法来解决这个问题。有时这样做是为了建立培训机构的信誉。

具体飞行员核心胜任力培养实施方案请看第 7 章“飞行员核心胜任力在 UPRT 课程的养成”。

5 飞行员核心胜任力与 TEM、REASON 模型

TEM 威胁和差错管理是一种包含了航空运行和人的表现的安全概念。TEM 并不是一种革命性的概念，而是通过人为因素的知识在实践中综合运用，从而不断深入改进航空运行的安全裕度而逐渐发展的产物。

TEM 的发展是行业经验集中的产物。这些经验促进了以下认识：对航空界人的表现的研究和操作考虑，严重忽略了在动态的工作环境中影响人的表现这一重要因素；在人们履行运行职责时人与运行环境（例如组织上，规章上和环境上的因素）之间的相互作用。

为了揭示飞行员核心胜任力与 TEM 模型的关系，团队分析了 13 起 LOC-Ⅰ类事故：

（1）2019 年 3 月 10 日埃塞俄比亚航空 ET302 航班；

（2）2019 年 2 月 23 日美国 Atlas 航空 3591 航班；

（3）2018 年 10 月 29 日印尼狮航 610 航班；

（4）2018 年 2 月 11 日俄罗斯萨拉托夫航空 6W703 航班；

（5）2015 年 2 月 4 日复兴航空 235 航班；

（6）2014 年 12 月 28 日印尼亚航 8501 航班；

（7）2004 年 11 月 21 日东方航空 MU5210 航班；

（8）2001 年 11 月 12 日美航 587 航班；

（9）1996 年 2 月 6 日伯根航空 301 航班；

（10）1996 年 10 月 2 日秘鲁航空 603 航班；

（11）199 年 4 月 26 日中华航空 CI140 航班；

（12）1992 年 11 月 24 日南航 3943 航班；

（13）1985 年 2 月 19 日中华航空 006 航班。

取其中两起事故进行具体分析。

——复兴航空 235 航班

回顾：

复兴航空 235 号班机空难发生在 2015 年 2 月 4 日上午 10 时（UTC + 8），复兴航空 235 号班机从中国台湾的台北松山机场原定飞往金门尚义机场，然而在起飞后不久即坠毁于基隆河，造成多人伤亡。此事件为中国台湾民航史上，首次民航机坠毁于外流河的意外。

2015 年 7 月 2 日，中国台湾“飞安会”公布复兴航空 235 号航班空难事故完整事实资料报告。报告显示，操控飞机的飞行员在飞机坠河前 8 s 喊出：“哇！油门收错了。”这起事故发生在当年 2 月 4 日，复兴航空从台北松山机场起飞前往金门的这架 ATR72-600 型飞机，起飞 3 min 23 s 后，坠毁在机场 10 跑道末端东南约 5.4 km 处的基隆河。事故造成机上 43 人死亡、14 人重伤、1 人轻伤，另有地面人员 2 人受伤。

调查：

根据此次公布的复兴航空 GE235 空难事故飞行经过摘要，飞机于事发当天 10 时 51 分 39 秒起飞，之后完成起飞后检查并使用自动驾驶开始爬升，10 时 52 分 01 秒通 1 000 ft 开始右转。

10 时 52 分 38 秒，飞机通过 1 200 ft 后驾驶舱出现“2 号发动机起飞时熄火”警告。3 s 后，飞机通过 1 300 ft，操控飞行员断开自动驾驶，并说：“我把 1 号发动机收回来。”另一名监控飞行员答：“等一下，交叉检查。”此时，记录显示 1 号发动机的油门位置从 75°被收至 66°。

在飞行员一系列混乱的对话中，1 号发动机油门被收至 49°。飞机的高度达到 1 630 ft，速度达到 102 kt*后开始下降。之后，熄火的 2 号发动机油门被推至 86°，而正常的 1 号发动机被推至 34.5°慢车位置。10 时 53 分 19 秒，飞机出现失速警报。5 s 后，1 号发动机被机组关断油门，随后螺旋桨顺桨。

10 时 53 分 35 秒，监控飞行员向松山塔台报告发动机熄火的紧急情况。随后的大约半分钟时间里，机组两次试图接上自动驾驶，但未获成功。在此期间，飞机进入失速状态。10 时 54 分 05 秒，监控飞行员似乎醒悟发生了什么，喊出：“两侧发动机均熄火。”10 时 54 分 09 秒，飞机已下降至 545 ft，时速 105 kt，控制飞行员说道：“重新开车。”11 s 后，1 号发动机推杆离开了燃油断开位置。

10 时 54 分 25 秒，飞机进一步下降至 401 ft，时速 106 kt。10 时 54 分 27 秒，飞机高度 309 ft，时速 105 kt，此时控制飞行员喊道：“哇！油门收错了。”10 时 54 分 34 秒，飞机高度 83 ft，时速 108 kt，地面接近警告系统“拉起”警告响起。1 s 后，飞机坡度从向左 10°陡增至向左 80°，此时飞机位置接近基隆河上高架桥，飞机左翼尖撞及一辆驶经高架桥的车辆，并接连撞上高架桥的围栏和路灯，坠落在基隆河内。

复兴航空 235 航班人为因素和核心胜任力关系：

核心胜任力被击破顺序	复兴航空 235 航班人为因素问题描述
高阶核心胜任力	（1）机长在发生特情时有焦虑倾向； （2）机长在决策时并没有让副驾驶参与计划制定； （3）机长没有采纳副驾驶提出交叉检查的意见； （4）机长在发动机失效后决定手动飞行； （5）机长对自己情景意识下降没有觉察，下令关闭有效发动机； （6）机长没有保持对副驾驶能否按照要求进行共作的意识； （7）副驾驶没有证实机长关闭发动机指令准确性，未检查出重大错误
进阶核心胜任力	（1）副驾驶没有提出切题有效的询问就执行关闭发动机； （2）机长关闭发动机之前没有和副驾驶进行讨论； （3）机组没有遵循标准的无线电通信程序
基础核心胜任力	（1）一发失效后机长手动控制不当以至飞机出现失速警告； （2）机组没有遵守 SOP，没有监控飞机系统状态
前提性核心胜任力	机长没有能够高效对 ATR72-600 的知识进行应用

* 节，速度单位，1 kt = 1.852 km/h

——伯根航空 301 航班

回顾：

伯根航空 301 号班机是一架隶属土耳其的一间包机公司伯根航空的波音 757-23A，1996 年 2 月 6 日，飞机于多米尼加共和国首都圣多明哥起飞后 5 min 突然向左倾侧，摔进海里，机上 189 人，无一生还。当日，原本飞往法兰克福的班机故障，地勤人员至机坪寻找替代飞机。正好伯根航空有一架波音 757 已在机坪内待了三个多星期，便受命进行此次飞行。晚上 11 时 03 分，301 号班机获准离开登机门，在跑道上滑行；就在此时，机长发现他的空速表过慢，于是要求副机师告诉他速度。但起飞以后，机长的空速表加速了，副机长的却慢了下来，飞行管理计算机也发出矛盾紧急信号譬如方向舵比率、超速、速度太低及飞行高度太低等，把机组员弄得一头雾水。由于飞机上的警报指示飞机速度过高，于是机长把节流阀往后拉以减速，此时飞机正在失速，但是他们不能够准确地观察飞机的飞行速度及垂直上升速度。结果飞机的飞行高度正以极快的速度下降，但高度计却没有任何相对应的改变。虽然当时高度计指着 2 000 ft，但实际高度却不到 500 ft。此时，飞机的 1 号发动机停止运作，客机向左倾侧，继而翻滚。机组人员完全没法控制飞机停止下降，飞机在大约在起飞的 5 min 之后重重摔进海里。

调查：

调查由多米尼加的调查局负责，美国的美国国家运输安全委员会（NTSB）协助。当地搜寻人员获得美国海军协助，于空难发生后 3 个星期于 7 200 ft 深海底打捞出出事客机的黑盒。其后的空难原因调查揭示仪器发生错误的主要原因是飞机驾驶舱外下方的皮托管（Pitot Tube）受损或堵塞。皮托管的功用是提供飞机飞行时的空速，一旦堵塞，空速表便会提供错误信息给予机员。

由于没法打捞残骸，因此皮托管为何堵塞仍是未知之数。调查人员发现，机场的地勤人员在出事客机停留在机场的 3 个星期内，从来没有为该客机的皮托管盖上保护盖。虽然这样可以排除客机的皮托管在起飞时被保护盖封住的可能性，但这也违反航空守则。因为飞机在机场被闲置或等候任务时，必须为皮托管加上保护盖。

在当地有一种学名称为 Sceliphron Caementarium 的胡蜂（当地人称为泥蜂），习惯于管状物内用泥土筑巢，而且这种胡蜂在当地可说无处不在，当然包括机场。因此调查员认为飞机停在停机坪时，极可能是这种昆虫于飞机没有受保护的皮托管内筑巢。

另外，肇事驾驶员亦要为空难负责。当机长发现他的空速表有故障时，并没有终止起飞。后续的一连串失误，终令客机进入无可挽救的地步。为何机长当初没有放弃起飞？由于出事当晚，当地天气不稳且下着雨，因此机长可能是担心飞机在高速运行，加上湿滑的跑道，令机长不敢冒险刹停飞机。但最可能的原因是，该飞机连同机组员待在当地足足 3 个多星期，机员思乡心切，于是明知飞机仪表故障，却认为只是小问题而强行起飞。

飞机起飞后约 1 min，驾驶员将飞机设定为自动飞行状态。此时飞机的仰角提高，出现这种状态，是因为飞机空速过高，自动驾驶系统便会抬高机鼻以达至减速效果。但自动驾驶系统只是以机上的仪表显示的信息给予反应，虽然当时机长的空速表显示飞机超速，可是实际上，副机长的空速表所显示的速度不断减少，却是飞机当时的真正状况。

机长忽略了副机长的显示器，因而鲁莽地将节流阀往后拉，结果导致飞机失速。

当飞机失速时，副机长及后备机长曾向机长建议让飞机机鼻朝下，让飞机以俯冲姿态，令空气在飞机机翼下流过产生升力，飞机便可停止下坠，但当时机长对机员的建议完全没有响应。机长还想用发动机加速，但是把油门推得太猛了，使左发动机停转。可能是机长当时已方寸大乱，又或是机长认为他有相当驾驶 757 的经验，自尊心令他忽视只有 75 h 驾驶 757 经验的副机长的建议。无论如何，他们错过了仍有足够高度下挽救飞机，最终导致 189 人死亡。

伯根航空 301 航班人为因素和核心胜任力关系：

核心胜任力被击破顺序	伯根航空 301 号航班人为因素问题描述
高阶核心胜任力	（1）机长对滑跑中空速不一致没有及时正确决策、识别和管理； （2）机组在滑跑中没有坚持安全第一的原则； （3）机组没有评估空速不一致的严重后果； （4）起飞后空速不一致机长依然决定接通自驾； （5）接近失速时，机长没有考虑副驾驶的操纵建议； （6）驾驶舱没有团队合作和开放的沟通氛围，梯度大
进阶核心胜任力	（1）副驾驶对起飞滑跑空速不一致没有提出有效的询问； （2）接近失速时，机长对副驾驶的操纵建议没有积极倾听
基础核心胜任力	（1）起飞滑跑中空速不一致，V1 前没有执行中断程序； （2）机组在起飞后也没有执行空速不一致程序； （3）机长在失速时没有正确操纵改出
前提性核心胜任力	机组没有展现出对空速和系统间相互影响的知识。

除了不可挽救的机械故障外，从飞行员核心胜任力角度看，以上 13 起事故表现出击破飞行员核心胜任力的顺序为高阶核心胜任力、进阶核心胜任力、基础核心胜任力、前提性核心胜任力。需要注意的是，前提性核心胜任力问题往往是最后被发现的，因为“知识的应用”问题并不是单个动作或阶段能够显现出问题，而是通过整个事件表现的问题。

放置在 REASON 模型，“个人和团队反应”上事故链的击破顺序如图 2.5 所示。

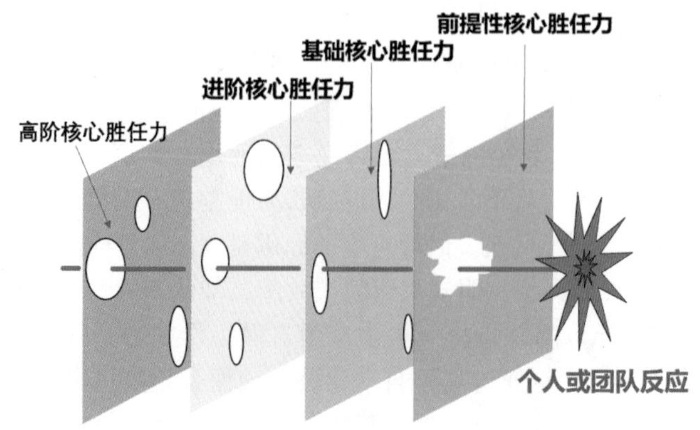

图 2.5　个人和团队反应上事故链击破顺序

事故链中“个人或团队反应”一般从高阶核心胜任力开始被击穿，例如决策的专制、驾驶舱梯度陡峭等，从而在进阶核心胜任力的“沟通”上表现出不积极倾听、副驾驶没有提出有效的询问等，最后到非预期航空器状态时才会出现诸如基础核心胜任力的“手动飞行”问题：没有正确改出失速状态等。

对于 LOC-Ⅰ类事故人为因素的分析，传统上往往停留在前提性和基础核心胜任力的层面，认为飞行员未接受足够的培训，或者一些培训并不有效，没有深度挖掘人为因素，在研究中看出，往往是高阶核心胜任力出现问题后，反馈到了前提性和基础核心胜任力的表现上。

同样用 TEM 模型分析这 13 起事故可以得出的结论为

（1）高阶核心胜任力可以用于威胁的识别和管理；

（2）进阶核心胜任力可以用于差错的识别和管理；

（3）基础核心胜任力可以用于非预期航空器管理。

这几项核心胜任力不仅是可以对应 TEM 中的识别和管理，也是相互作用于 TEM 的整个过程。如图 2.6 所示。

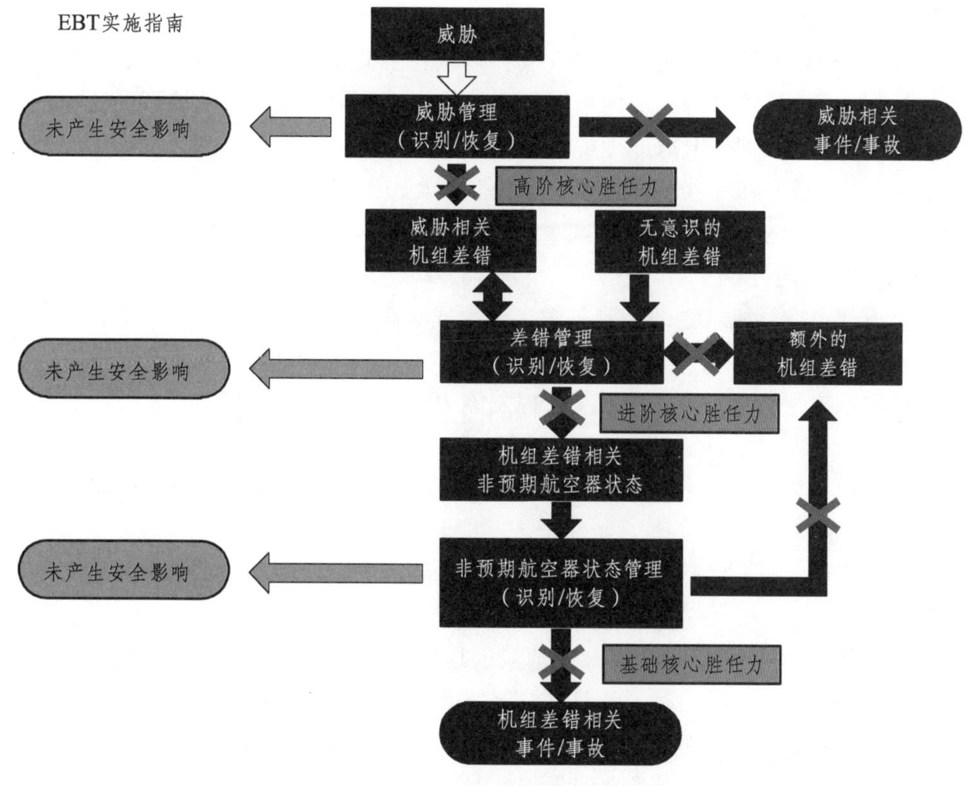

图 2.6　TEM 阻断模型

评估是为了更好的培训。

飞行员核心胜任力评估，可以按照核心胜任力分类进行评估：

（1）知识类。其可以是面试、口试、笔试等方法掌握飞行员对知识的应用，在“知识的应用”中高级“可被观察的行为”OB0.6 和 OB0.7 可能需要日常教学的观察或者评估飞行员对知识的迁移运用，从通用知识到专业知识，或者专业知识到通用知识迁移性的评估。

（2）技术类核心胜任力。在传统的执照培训、实践考试和航司复训等过程中，飞行员的技术类核心胜任力已经有了非常全面的考察，类似于高度偏差范围、速度偏差范围和航向偏差范围的种种限制，都是在对飞行员技术类核心胜任力进行评估。也包括了一些特情处置，传统型评估，更多是将重点和倾向放在了飞行员的技术类核心胜任力上。至少在中国，应该继续坚持此类的培训和评估，甚至是用没有情景的培训。这在技术类核心胜任力的培训和评估上也能理解，当然能设置出情景肯定会更有效培训和评估技术类核心胜任力。最后在一些特情处置上，按照分类进行培训和评估会更为合理：故障的类同性，进近类别的类同行。

① 故障的类同行。

a. 急迫性：需要机组立即和紧急做出干预或决策的系统故障。

b. 复杂性：需要实施复杂程序的系统故障。

c. 航空器控制能力下降：导致飞行控制能力明显下降，并且伴随异常操纵特征的系统故障。

d. 仪表设备失效：需要使用功能下降的显示器或其他显示器对飞行 航径进行监测和管理的系统故障。

e. 后果管理：需要对其后果进行全面管理（不考虑运行或环境方面的因素）的系统故障。

② 进近类别的类同行。在为基于情景的培训选择进近时，应该实施基于这些进近所需的基本飞行机组绩效元素。可通过对照这些元素来确定类同的各组进近类别。实施一种类型进近所表现出来的熟练程度与实施同一组中的其他进近类型所表现出来的熟练程度是相等的。在确定进近类型的类同性时，应该考虑到以下参数：

a. 直线/目视调准/盘旋进近；

b. 自动化水平；

c. 精密/非精密进近；

d. 内部/外部制导；

e. 目视航段；

f. 特殊机场进近程序（如精密跑道监视器、要求授权的所需导航性能）；

g. 非标准滑行航径；

h. 低能见度运行。

（3）非技术类核心胜任力。不仅限于传统的驾驶舱培训和评估。从第 7 章飞行员核心胜任力在 UPRT 课程的养成可以得到更详细的指导，非技术类核心胜任力，首先需要对相应非技术类核心胜任力进行知识更新，其次需要类似于户外扩展训练、课堂小游戏、团队建设活动等方式进行相应的非技术类核心胜任力培训，结束后对飞行员在训练中的表现给出评估，要么肯定要么否定，结束后的讲评中引导飞行员将训练的感悟和想法向驾驶舱工作中进行迁移，告诉飞行员非技术类核心胜任力培训和评估的通用性，最后就是进行驾驶舱中一系列多种情景和多种事件的设置，针对非技术类核心胜任力在飞行环境中对飞行员进行评估，达到培训的目的。

对于以上培训和评估的过程，如果飞行员在知识类出现了不通过的情况，那么一定是予以否定，待通过相应知识类评估后，才能进入技术类核心胜任力的培训和评估。只有通过了技术类核心胜任力的评估，方才能进行非技术类核心胜任力的培训和评估。

在非技术类核心胜任力最后驾驶舱的培训和评估里，因为是最后一个阶段的培训和评估过程，当出现了非预期航空器状态后，可以暂时停止对飞行员的培训和评估，讲评飞行员是因为何项非技术核心胜任力导致的非预期航空器状态。如果飞行员在情景设置的事件里，充分展示非技术核心胜任力中“可被观察的行为”，进行了威胁、差错和非预期航空器状态的识别和管理，应该在飞行后讲评积极点明确定、表扬和分析。当然，对于在情景中出现的技术类核心胜任力问题，应该与飞行员积极沟通，确当飞行员当时的状态和想法，才能对问题核心有所掌握，确定深层次的核心胜任力问题所在。交流沟通是非常必要的，不能单纯依靠表象进行主观判定，不同于 LOSA 观察员，我们的目的在于培训。

7 飞行员核心胜任力在 UPRT 课程的养成

本部分，会在 UPRT 课程培训中，充分展示如何基于飞行员核心胜任力进行培训。本章 UPRT 课程是完全针对运输航空飞机设计的课程。

1. 课程框架

（1）课程需求分析：空中失控事故分析报告。

（2）初阶 UPRT 课程：充分培养和评估飞行员基础核心胜任力，包括“飞行航迹管理——手动飞行”“飞行航迹管理——自动飞行”“程序的执行和遵守规章”，同时建立“初阶情景意识”，对前文所述的核心胜任力的知识更新培训。

（3）进阶 UPRT 课程：充分培养和评估飞行员进阶核心胜任力，建立“进阶情景意识”，掌握“沟通”核心胜任力的技巧，“沟通”中包含对机组程序的执行喊话、交叉检查等，真正意识和保持对参与运行或受运行影响人员的意识，以及人员能否按要求进行工作的意识。

（4）高阶 UPRT 课程：充分培养和评估飞行员高阶核心胜任力，建立“高阶情景意识”，做到识别和管理威胁和差错。

（5）课程反馈和课程评估。

2. 初阶 UPRT 课程

1）地面课内容

（1）介绍。

（2）AUPRTA 目标。

（3）飞机复杂状态的定义。

（4）监控。

（5）飞机复杂状态的原因。

① 环境因素；

② 系统异常因素；

③ 飞行员因素；

④ 飞机自动化使用不当。

（6）飞行基础知识。

① 飞行力学；

② 能量状态；
③ 气动飞行包线；
④ 空气动力学；
⑤ 飞机性能；
⑥ 积冰；
⑦ 自动化；
⑧ 发动机熄火。

（7）飞机复杂状态的改出。

（8）视频自学 1 h（含两个英文视频）。

2）模拟机课程

（1）FFS1 机动训练。

（2）FFS2 复杂状态改出技术训练。

其中 FFS2 是初阶 UPRT 课程重点——基础核心胜任力的培养。

以上的地面课和模拟机课程可以穿插进行，防止遗忘，也为了更有效让地面课和模拟机课程相结合，当然在地面课的评估也应该分级评估。

3. 进阶 UPRT 课程

1）地面课内容

冲突和冲突的管理。

（1）沟通的定义。

（2）沟通的基本模式。

（3）沟通结构和分类。

（4）沟通注意事项。

（5）沟通技巧。

（6）如何沟通和沟通方式。

（7）糟糕沟通模式。

（8）进行沟通的小游戏。

（9）机组沟通概述。

（10）机组沟通障碍。

（11）机组沟通技能。

2）模拟机课程

FFS1 基于情景的培训和评估。FFS1 是对初阶 UPRT 课程的回顾，当然对于初阶 UPRT 课程的技术类核心胜任力是没有评估标准的，目的是为了尽可能避免负训练，世界上没有两种飞机复杂状态是相同的。然而在 FFS1 中的评估是至关重要的，因为会设计多种情景和多种事件，对飞行员及进行“沟通”的培训，并对接下来将要培训和评估的高阶核心胜任力进行摸底。以便可以针对性进行高阶核心胜任力培训和评估。

4. 高阶 UPRT 课程

1）地面课内容

（1）威胁和差错管理。

（2）团队的概念。

（3）高效团队的特征。

（4）如何建立一个好的团队。

（5）团队绩效和绩效管理。

（6）几种典型的机组管理方式。

（7）不同定向方式的 CRM 行为表现。

（8）不同领导风格下的机组氛围。

（9）紧急情况下的领导。

（10）进行户外团队扩展训练。

（11）驾驶舱工作负荷控制。

（12）驾驶舱状态。

（13）机组决策和短期策略。

（14）进行工作负荷管理的小游戏。

（15）飞行员问题解决和决策的含义。

（16）决策过程。

（17）提高飞行员决策能力的途径。

（18）进行决策游戏。

2）模拟机课程

评估是为了更好的培训。

（1）FFS1 高阶核心胜任力情景培训和评估（诱导复杂状态天气因素）。

（2）FFS2 高阶核心胜任力情景培训和评估（诱导复杂状态系统因素）。

（3）FFS3 高阶核心胜任力情景培训和评估（诱导复杂状态人为因素）。

（4）FFS4 高阶核心胜任力情景培训和评估（综合因素）。

附 件

初阶 UPRT 课程（A320）

1. 概 述

初阶 UPRT 课程（A320）基于 ICAO 文件 10011，与 TEM 紧密联系，重点阐述了复杂状态预防的重要性，同时提供了复杂状态的改出技术指导。

2. 训练目标

（1）获得识别和避免复杂状态的知识；
（2）学习采取适当及时的措施以防止更大的飞行偏离；
（3）掌握基本的空气动力学；
（4）学习复杂状态的改出技术。

3. 组成部分说明

初阶 UPRT 课程（A320）由地面课和模拟机课组成，地面课内容涉及 8 个章节，包含了一个视频自学章节以回顾前 7 章学习内容。地面课结束后学员需要完成测试，合格后才能进入模拟机训练。模拟机课涉及两课：FFS1 机动训练，FFS2 复杂状态改出技术训练。模拟机课的重点在 FTD1 机动训练和 FTD2 复杂状态改出训练，而不是全面的基于胜任力的培训，所以学员应该更多倾向本大纲相关的胜任力。在模拟机课训练结束后，大纲没有设置常规的考察和评价，需要在飞行后讲评中对学员指出知识和技能的不足，尤其是相关的飞行员初阶核心胜任力，以及在之后的飞行中如何提高相关的胜任力，警觉学员认识到自身的不足，指出良好的作风，态度可以帮助学员解决自身问题。

1）地面课内容

（1）介绍。
（2）AUPRTA 目标。
（3）飞机复杂状态的定义。
（4）监控。
（5）飞机复杂状态的原因。
① 环境因素。

② 系统异常因素。

③ 飞行员因素。

④ 飞机自动化使用不当。

（6）飞行基础知识。

① 飞行力学。

② 能量状态。

③ 气动飞行包线。

④ 空气动力学。

⑤ 飞机性能。

⑥ 积冰。

⑦ 自动化。

⑧ 发动机熄火。

（7）飞机复杂状态的改出。

（8）视频自学 1 h（含两个英文视频）。

2）测试

3）模拟机课程

（1）FFS1 机动训练。

（2）FFS2 复杂状态改出技术训练。

4. FFS1 机动训练

（1）课程目的。

本课程主要是教导学员，使其具有充足的知识和技能操作飞机，了解和掌握飞机在备份法则和直接法则下的手动特性，也包含环境因素、尾流因素、机械/系统因素和人为因素对飞机进入复杂状态的影响。本课也是复杂状态改出技术的组成部分。

（2）进入条件。

完成地面课程。

（3）复习讲评内容。

地面课“5. 飞机复杂状态原因”（5.1 章节—5.4 章节）；

地面课“6. 飞行基础知识”（6.1 章节—6.8 章节）。

（4）模拟机参考设置 ZUUU20R。

① 飞机设置。

	Quantities	Normal
A/C Set	ZW	57.5T
	FW	16T
	CG	24.9%MAC
	ZG	27.7%MAC

② 环境设置 CAVOK。

General atmosphere	QNH	1 013 hPa*
	QFE	955 hPa
	Wind	0/0
	Ground Tem	12 °C
	Dew point	0 °C

③ 飞行复位点设置。

		1	2	3	4
A/C Reposition	Name	6 000 ft	18 000 ft	30 000 ft	39 800 ft
	LAT/LON	Free	Free	Free	Free
	Heading	Free	Free	Free	Free
	Altitude	6 000 ft	18 000 ft	30 000 ft	39 800 ft
	Airspeed	250 kt	250 kt	250 kt	245 kt
	Flaps	0	0	0	0
	Gear	Up	Up	Up	Up

（5）训练内容。

① 飞机手动特性训练。

a. 俯仰特性。

- 在不同速度、构型，和收放襟翼下演示飞机俯仰效率。同时，如果飞行量有明显不同，演示 CG 最前和最后的俯仰效率。

VLS，绿点速度，250 kt IAS，V_{max}。

目的：体验不同速度，不同高度飞机的俯仰效率。

参考设置：

分别操纵飞机俯仰	ALT 6 000 ft	VLS	绿点速度	250 kt	V_{max}	Flaps 1-4
	ALT 30 000 ft	VLS	绿点速度	250 kt	V_{max}	No Flaps

在同一高度，速度，构型下，改变飞机 CG，Min13%MAC 到 Max45%MAC，观察飞机在正常/备份法则和直接法则下对飞机不同的影响。

- 推力变化对俯仰的影响。

演示飞机在低/高速，低/高空时，推力明显变化对飞机俯仰影响。

先从低高度，演示飞机着陆形态 α floor，洁净形态 250 kt，V_{max}。

* 百帕斯卡，气压单位，1 hPa = 100 Pa

再从高高度（25 000 ft 及以上），演示飞机洁净形态 α floor，V_{max}。

（注意：A320 在正常法则和备份法则时，飞机会根据推力的变化自动配平飞机，因此推理变化演示应该在直接法则下演示。）

目的：体验飞机在不同速度和高度下推力变化对飞机俯仰的影响，也体验边缘的俯仰操纵特性。

参考设置：

推力 IDLE 到 TOGA	ALT 6 000 ft	着陆形态 α floor	250 kt 洁净形态	V_{max}
	ALT 30 000 ft	洁净形态 α floor	EMPTY	V_{max}

b. 滚转特性。

演示飞机在不同速度，不同构型下和收放扰流板下的滚转效率。

VLS，绿点速度，250 kt IAS。

目的：演示什么是飞机全行程的滚转特性。

参考设置：

全形成压盘滚转	ALT 6 000 ft	VLS	绿点速度	250 kt	Flaps1-4
	ALT 30 000 ft	VLS	绿点速度	250 kt	No Flaps

c. 方向舵演示。

（方向舵演示不是机动飞行的培训技能，而是为了强调使用方向舵对飞机的反应，过量和不及时用舵的危害性）

如果飞机需要滚转并且正常滚转操纵已经完全丢失，才需要在一定方式下使用方向舵（方向舵并不常用）。

在不同高度使用方向舵，来产生预期的坡度。

目的：飞行员需要清楚不当使用方向舵的危害。这项演示是为了阐明要非常小心使用方向舵来行程小的坡度。然而，演示的目的是强调使用方向舵太快或抵舵太久会导致横侧和方向操纵失控，并且也会导致结构损坏。

参考设置：

仅使用方向舵 产生不大于 25°坡度	ALT 6 000 ft
	ALT 30 000 ft

d. 能量管理。

- 发动机性能。

演示飞机在低中高度平飞或下降，从 200 kt 加速到 250 kt（记录加速的时间），高空转化成马赫数或改变 50 kt 时的时间。

目的：演示和强调飞机在高空时可用推力的减小。

参考设置：

记录所需时间，使用TOGA推力增速	ALT 6 000 ft	200 ~ 250 kt
	ALT 18 000 ft	240 ~ 290 kt
	ALT 30 000 ft	240 ~ 290 kt

- 飞机加速性。

演示飞机在第二速度范围内在低/高空的加速性能。

观察可用推力的特性（如果可用推力不能再加速，那么就用下降增速）。

目的：演示飞机在低/高空，从第二速度范围不同改出技术的潜力。

参考设置：

TOAG 推力增速/当可用推力无法加速时，使用下降增速	ALT 6 000 ft	VLS—绿点速度
	ALT 30 000 ft	VLS—绿点速度

- 高空发动机功率管理。

演示飞机在高空最大巡航/爬升/最大连续推力和 TOGA 推力。

给飞行员强调，发动机在高空可用推力模式之间的关系。

目的：教会飞行员 TOGA 推力在最大高度并不会产生比巡航推力更多的推力功率。

参考设置：

使用 CL/MCT/TOGA 推力	ALT 39 800

- 高空能量管理。

演示飞机在使用推力情况下下降的加速性能。

观察加速下降与之前演示仅使用推力的缓慢下降，这项训练是为了了解使用升降舵，而不是推力手柄来获得能量状态。

目的：演示飞机在高空减速的时候是无法提供动力的。

e. 抖振。

演示高速抖振和低速抖振。

演示飞机在低/高速抖振的进入。强调飞机过载时会恶化情况的发生。在高空断开 A/P，演示飞机从平飞逐渐增加坡度时发生抖振。

目的：教会飞行员正确识别低/高速抖振时不同的改出技术。

参考设置：

逐渐增加坡度	ALT 30 000 ft	V_{max}

② 环境影响的特性训练。

a. 山地波，滚轴云，水平/垂直风切变。

演示飞机在高空快速风切变对飞机的影响。

目的：环境因素也是导致高空复杂状态原因之一。

参考设置：

模拟机中心 A320 动模和固模目前仅能训练风切变，并且仅限低空，因此暂时不能执行。

b. 积冰影响。

由于缺乏监控，飞机积冰后导致无意的低能量状态。

演示正确使用 SOP 监控飞机能量，能识别并避免飞机持续减小性能，并且采取必要的修正使飞机回到可接受的能量范围。

目的：飞行机组必须在任何可视的情况下出现积冰条件（云，能见度小于 1 英里的雾，雨，雨夹雪，冰晶），在温度低于 OEM 指导值以下也会出现。

可能并不像目视检查那么明显，爬升率和速度的密切监视也可以用来监测积冰的条件。

（*AUPRTA Rev3 8.4.2* 详细描述了积冰情况）

参考设置：

模拟机积冰设置激活	ALT 30 000 ft	250 kt

c. 尾流训练。

在重型机后起飞和进近。

演示飞机是如何快速滚转的。

目的：飞行员对尾流的反应，是受尾流对飞机影响的意识，对飞机不同滚转性能的理解和飞机质量而影响的。

参考设置：

模拟机中心 A320 动模和固模不能执行。

d. 机械/系统问题的训练。

滚转，偏航和俯仰失效会导致复杂状态。

演示每个轴操纵降级或失效后会导致复杂状态。训练会表现出具体机型的失效模块，比如液压/电传/自动驾驶失效。

目的：具体机型训练会说明操纵失效会怎么导致复杂状态和怎样处置，比如：方向舵满偏/失控或卡阻或失控的操纵面。

参考设置：

模拟机中心设置“malfunction index”——“ATA27 FLT control system”任意故障。

e. 人因训练。

- 情景意识丢失。

情景意识的丢失会导致操纵丢失。

强调情景意识丢失如何导致操纵丢失。比如，丢失 A/T，误使用配平，不对称推力，因为温度变化在过高高度的操作导致速度丢失，在一发监控后忘记重新接通 A/T。

目的：近期的事故表明一些机组没有有效积极监控他们的飞机能量和理解系统逻辑。

- 自动飞行系统问题训练。

由于误操作或未对飞机进行充分监控，导致飞机进入非预期的低能量状态或失速。

演示自动飞行系统是如何被滥用，而导致飞机在无意中丢失空速和/或过大的上仰姿态。这个专门针对飞机进行培训，以正确反映机组人员可用的模式和指示。比如，在爬升/意外断开自动推力时，使用垂直速度模式。

目的：具体机型训练阐述了自动飞行系统会出现低能量状态而导致复杂状态，并且阐述了通过恰当的使用方式和监控这些系统如何防止复杂状态。

参考设置：

断开 A/T 情况下，使用 VS 模式爬升。

5. FFS2 复杂状态改出技术训练

（1）课程目的。

帮助学员识别并证实飞机复杂状态，获得操纵复杂状态飞机的自信和知识，顺利应用正确的飞机复杂状态改出技术。

（2）进入条件。

完成 FFS1

（3）复习讲评内容。

地面课“7.飞机复杂状态的改出”。

（4）模拟机参考设置 ZUUU20R。

① 飞机设置。

	Quantities	Normal
A/C Set	ZW	57.5T
	FW	16T
	CG	24.9%MAC
	ZG	27.7%MAC

② 环境设置 CAVOK。

General atmosphere	QNH	1 013 hPa
	QFE	955 hPa
	Wind	0/0
	Ground Tem	12 °C
	Dew point	0 °C

③ 飞行复位点设置。

A/C Reposition	Name	30 000 ft
	LAT/LON	Free
	Heading	Free
	Altitude	30 000 ft
	Airspeed	250 kt
	Flaps	0
	Gear	Up

（5）训练内容。

① 执行复杂状态简令。

a. 情景分析过程。

- 情景喊话。
- 观察坡度指示器。
- 确定俯仰姿态。
- 参考其他指示器证实姿态。
- 能量评估。

b. 在确定复杂状态原因前控制飞机。

c. 使用全行程操纵。

d. 反直觉因素。

e. 过载因子。

f. 自动化的使用。

g. 机头上仰和机头下俯复杂状态的改出技术。

h. 模拟机限制

① 迎角、侧滑和逼真度

② 承受的力

参考设置：

引导学员完成简令以增强情景意识。

② 复杂状态改出练习。

改出复杂状态（A320 电传飞机可以很大程度帮助飞行员改出，但是一旦降级，就可以考虑使用空气动力原理，进行下列步骤进行改出）。

注：UPRT 的重点在于对复杂状态的认识和预防。

在操纵上可能会全行程进行柔和全面操纵，并且过量或不当操纵，会导致更恶劣的情况发生。

一般步骤：

<table>
<tr><td rowspan="3">1. 情景意识和能量评估</td><td colspan="2">（1）积极监控飞机。
（2）机组对当前状态沟通确认</td></tr>
<tr><td colspan="2">（3）交叉检查，分析复杂状态。
① 评估能量和趋势；
② 确定姿态；
③ 机组交流</td></tr>
<tr><td colspan="2">（4）宣布状态："机头上仰/下俯"</td></tr>
<tr><td colspan="3">2. 抑制</td></tr>
<tr><td rowspan="6">3. 改出</td><td>机头上仰</td><td>机头下俯</td></tr>
<tr><td>（1）按需断开 A/P，A/T</td><td>（1）按需断开 A/P，A/T</td></tr>
<tr><td>（2）稳杆（获得下俯率）</td><td>（2）稳杆（卸载）</td></tr>
<tr><td>（3）按需推力（可能收以获得低头）</td><td>（3）滚转（使用盘）</td></tr>
<tr><td>（4）滚转（使用盘）</td><td>（4）按需推力，减速板（防超速）</td></tr>
<tr><td>（5）恢复平飞（俯仰，坡度，推力）</td><td>（5）恢复平飞（俯仰，坡度，推力）</td></tr>
<tr><td colspan="3">4. 评估损坏和状况，改进操纵性，验证飞机性能</td></tr>
</table>

详细描述见本课"一般步骤"。

a. 科目：机头上仰。

参考设置：

A/C reposition	法则	俯仰姿态	坡度	推力
30 000 ft	备份法则	30°上仰	0°	CL or IDLE
30 000 ft	备份法则	30°上仰	30°	CL or IDLE
30 000 ft	备份法则	30°上仰	70°	CL or IDLE

教员在右座使飞机进入复杂状态，在交接操纵前暂停模拟机，引导学员完成复杂状态改出的一般步骤，待学员理解后接触暂停，交操纵给学员让其改出。增加学员熟练度，直至基本掌握正确步骤。

b. 科目：机头下俯。

参考设置：

A/C reposition	法则	俯仰姿态	坡度	推力
30 000 ft	备份法则	15°下俯	0°	CL or IDLE
30 000 ft	备份法则	15°下俯	30°	CL or IDLE
30 000 ft	备份法则	15°下俯	70°	CL or IDLE

教员在右座使飞机进入复杂状态，在交接操纵前暂停模拟机，引导学员完成复杂状态改出的一般步骤，待学员理解后接触暂停，交操纵给学员让其改出。增加学员熟练度，直至基本掌握正确步骤。

c. 科目：区分低速失速的改出。

参考设置：

A/C reposition	法则	推力	使飞机进入低速失速
30 000 ft	备份法则	IDLE	

教员在右座为学员演示飞机进入并改出失速。

③ 训练后，教员应指出：

a. 改出技术是一个逻辑性过程，而不是必需的程序。

b. 这些改出技术都是指导性意见，飞行员在考虑和使用的时候需要根据当前的状态。

c. 一旦开始改出，并不是所有动作都必须执行。

d. 飞机如果没有失速并且滚转操纵效率不足，那么应该小心使用升降舵（杆）来辅助滚转（卸载）。

e. 应该多关注飞机以下持续的失速警告：间或的抖振，俯仰横滚操纵效率降低，不可控的下降率。

f. 飞机改出后，飞行机组应评估可能发生的任何损坏和当前飞机状况。并且基于飞机状况以下可以改进操纵性：调节重心，调节 Flaps，起落架，减速板，配平，下降高度等。这些改进操纵性的方法同时也在验证飞机性能。

一般步骤：

1. 情景意识和能量评估	（1）积极监控飞机
	（2）机组对当前状态沟通确认
	（3）交叉检查，分析复杂状态。 使用 PFD 和 ATI、飞机性能仪表和外界状态进行分析。（其他姿态来源：备用姿态仪，PM 的仪表，姿态仪上的颜色蓝色的天空和棕色的地面，地平线，极端姿态下 sky 指示器，坡度显示） 复杂状态分析应按以下 3 个步骤进行：①评估能量和趋势（能量分析应该包括，但不限于高度、速度、姿态、过载、功率设置、飞行操纵位置、减速板位置、增升装置，以及这些状态改变的速率），确定姿态（包括俯仰和坡度），进行机组交流；②一般情况下俯状态，空速增加，高度减小，显示下降率；③一般情况上仰状态，空速减小，高度增加，显示上升率
	（4）宣布状态：“机头上仰/下俯”

续表

2．抑制偏离		
	机头上仰	机头下俯
3．改出（机头上仰，机头下俯）	（1）A/P 和 A/T 按需断开（只要 A/P 和 A/T 正常，应该在正常包线内尽可能使用；一旦不能正确响应，就应该断开）	（1）A/P 和 A/T 按需断开（只要 A/P 和 A/T 正常，应该在正常包线内尽可能使用；一旦不能正确响应，就应该断开）。
	（2）稳杆（获得下俯率，低头）。杆，可能需要全行程稳杆操纵。配平，谨慎操纵，防止配平过量	（2）优先按手册规定改出失速状态（减小迎角）
	（3）按需调整推力（可以减小推力来使飞机低头，一定注意推力对俯仰状态的影响）	（3）滚转。稳杆以减小过载，来获得有效的副翼操纵效率（尤其是坡度大于 90°，需要稳杆减小过载）。全行程向最短改出方向压盘，改平机翼。方向舵仅仅需要小量使用，防止过快过久操纵方向舵，否则可能会导致横向和方向的失控和结构损坏
	（4）滚转。坡度（盘），可以使用不超过 60° 坡度使飞机低头。方向舵，谨慎小量使用。注意大迎角小速度的侧滑	（4）推力和减速板按需调整（防止超速）
	（5）恢复平飞。接近地平线改平机翼，检查速度调整推力，建立俯仰状态。关于方向舵，如果俯仰和横滚操纵失效，方向舵可以产生坡度来改出复杂状态。方向舵仅仅需要小量使用，防止过快过久操纵方向舵，否则可能会导致横向和方向的失控和结构损坏	（5）恢复平飞。（一定注意低速失速和过载时高速抖振，配平可能要随着速度变化而重新调整，确认预期的速度，推力，减速板以建立预期的航空器状态）

区分低速失速的改出：失速改出优先于复杂状态改出，“机头上仰”和“机头下俯”改出不包括失速，失速的改出应该遵循 OEM 的程序；关键是要区分低速失速状态和上述的“机头上仰”和“机头下俯”。

第3篇

溯源训练理念

引　言

1　中国民航飞行员培训现状

2　问题与研究

3　胜任力描述与可观察的行为

4　构建溯源训练体系

引 言

2017 年，中国民用航空飞行学院启动了“飞行教员资质能力提升培训课程”，借鉴循证训练（EBT）理念，对全体飞行教员进行了基于胜任力训练理念的宣贯和基础理论培训。

虽然“飞行教员资质能力提升培训课程”对中国民航飞行学院飞行教员教学水平提高、理论知识更新起到了促进作用，但是该课程的大规模实施暴露出 EBT 在我国“水土不服”的问题。作为完全由国外输入的训练思想，是否符合我国飞行员培训的实际情况？

2020 年，中飞院对“飞行教员资质能力提升培训课程”训练情况总结之后，以飞行人员胜任力训练数据分析报告为指导，决定建立一套符合我国国情的飞行员胜任力训练体系——溯源训练管理体系。该体系既可以满足航空业对飞行员迫切的胜任力需求，也可以实现民航局 39 号文《关于全面深化运输航空公司飞行训练改革的指导意见》的落地。与 EBT 亡羊补牢式的胜任力培养模式不同，借助该训练体系，将实现“从零构建飞行员胜任力”。

本篇章的表述结合了作者作为一名飞行教员在日常训练中的总结，阐述了作者在传统训练模式和新思想的碰撞下，如何一步一步学习思考、转变观念的心路历程。作者所在研究团队力求在繁重的训练任务下，探索出更加科学的适合未来中国民航飞行员的训练体系，为中国民航的发展贡献绵薄之力。

1 中国民航飞行员培训现状

1. 中国民航运输总量持续增长，飞行员总数快速增加

根据历年《中国民航驾驶员发展年度报告》的数据，飞行员数量增长较快，年增长率较高，从 2009 年 20 973 人增加到 2019 年 67 953 人。航空公司每年新增机长 1 600 ~ 1 800 人，从 2009 年 6 362 人增加到 2019 年 19 140 人。如图 3.1 所示。

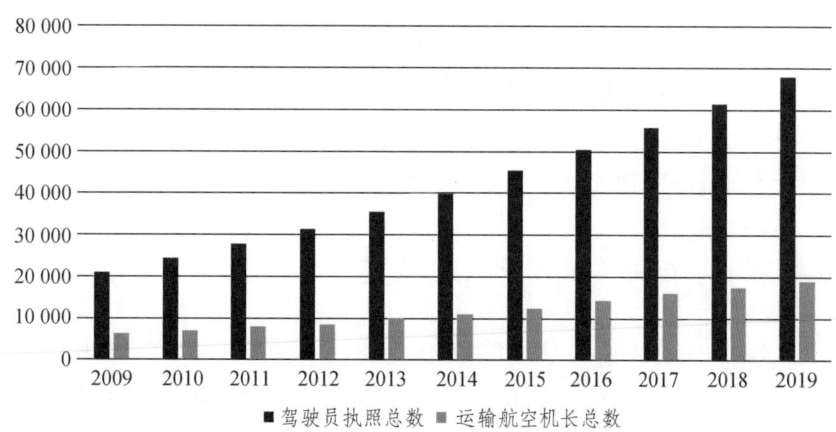

图 3.1 每年运输航空驾驶员执照与机长总数的变化

2. 人力资源结构性不平衡，民航安全风险增加

飞行员数量的快速增长，给航空公司注入了大量年轻飞行员。从飞行员成长为机长至少需要 5 ~ 7 年的时间，近年航空公司规模扩张的步伐加快，机长缺口扩大。所以为满足运行和发展的需求，每年新增机长数量较大，3 年内的新机长比例增加 20%，飞行人力资源结构性不平衡状况突出，行业的风险值在不断增加。

为坚守飞行安全底线，减小由机组原因导致的事故率量级，降低人为原因不安全事件的比例，持续推动中国运输航空高质量发展，中国民用航空局于 2019 年 6 月 21 日下发了《关于全面深化运输航空公司飞行训练改革的指导意见》(以下简称《指导意见》)。

《指导意见》中指出，要以基于能力的训练和基于实证的训练理论为基础，分阶段逐步建立以核心胜任能力量化管理为特征的飞行员技能全生命周期管理体系。

《指导意见》中指出，要全面建成支撑有力、协同高效、开放创新的新时代中国特色飞行训练体系。

《指导意见》中指出，要巩固作风建设成果，探索建立飞行作风量化管理制度。

3. 中国飞行员培养模式

中国飞行员培训的模式不同于国外，飞行员不需要进入通航积攒经历时间，根据AC-121-FS-2018-36R3《进入副驾驶训练人员的资格要求》，我国的大部分飞行员是在国内外的 CCAR-141 部驾驶员学校（以下简称 141 航校），通过航线运输驾驶员（飞机）整体课程、高性能多发飞机训练课程或者运输航空副驾驶预备课程（ACPC 课程），就可以直接进入航空公司。

141 航校作为运输航空公司飞行员的入口，训练质量将直接影响航空公司副驾驶入口质量，间接对全国民航的安全、效益造成影响。飞行学员在 141 航校的学习和飞行训练，作为飞行员技能全生命周期的起点，对于胜任力的构建和飞行作风养成至关重要。

141 航校应该结合《指导意见》的相关要求，加强飞行训练基础理论研究和训练解决方案研发，推进教学和训练改革工作，实现飞行训练理念的“六个转化”。

4. 经批准的境内外 CCAR-141 部驾驶员学校及训练人数对比

由于飞行员需求的增加，国内经批准的 CCAR-141 部驾驶员学校数量从 2009 年的 5 家增加到 2019 年的 38 家，截至 2020 年 4 月，国内 141 航校的数量为 41 家。不同的 141 航校训练规模大小不一，训练容量也不同，有的 141 航校年整体课程容量 1 800 人，有的只有 30 人。尽管如此，接近 50%的飞行学员还是需要外送到国外飞行，如图 3.2、图 3.3 所示。

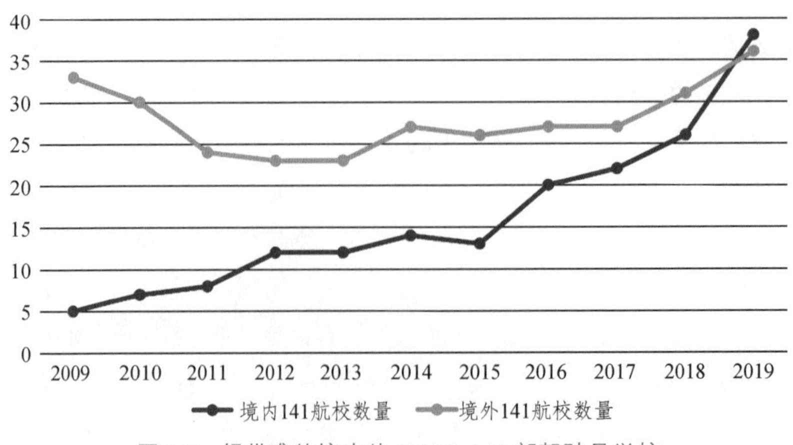

图 3.2 经批准的境内外 CCAR-141 部驾驶员学校

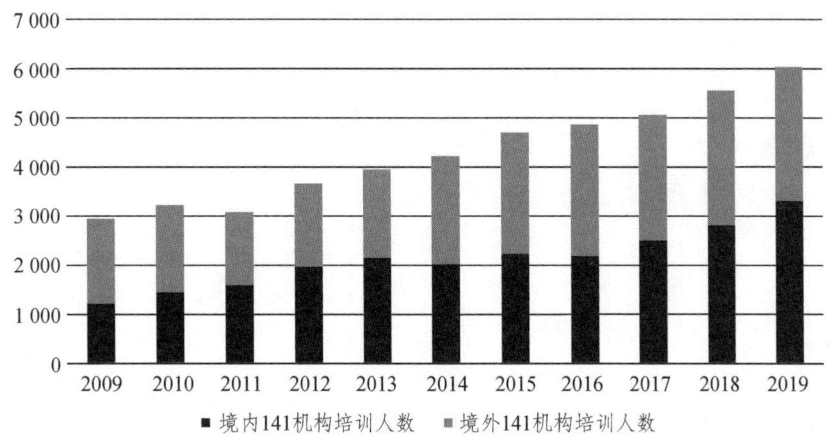

图 3.3 境内外 141 机构中国飞行学员训练人数统计

5. 新型冠状肺炎疫情对飞行员训练的影响

国际航空运输协会（IATA）预测，到 2035 年，全球旅客人数将从 2016 年的 38 亿增加到 72 亿。根据空中客车公司（AirBus）在 2019 年的预测，到 2038 年，航空运输量将以每年 4.3%的速度增长。

2020 年由于新型冠状肺炎疫情的影响，计划外送的学生无法出国，国内训练的学生也出现积压，训练量和训练质量的矛盾凸显。疫情就像一道大坝斩断了日常的飞行训练，它只是暂时抑制了需求，但是需求并没有消除，反而将训练任务像蓄水池一样囤积了起来。再加上如果将计划由境外 141 航校完成的训练任务转接到国内，当全面复工复产以后，个人和单位都面临训练积压和资金短缺的巨大压力。

在繁重的训练任务下，如何保证依规施训、统筹运训，在保证飞行安全的同时如何妥善处理训练量和训练质量之间的矛盾，国内的 41 家 141 航校是否已经做好准备迎接这样的挑战？

2 问题与研究

1. 前期工作

中国民航飞行学院被誉为中国民航飞行员的“摇篮”、中国民航管理干部的“黄埔”。长期以来，中国民航飞行学院的广大师生员工就如何提高飞行训练质量和训练能力，付出了巨大的努力。作为全球飞行训练规模最大、能力最强，在国内、尤其是世界民航有着极高影响力的全日制高校，在民航强国建设正处于攻坚克难、结构调整、提质增效的关键阶段，带动飞行员培训行业高质量发展，中国民航飞行学院责无旁贷!

作者先后担任中国民航飞行学院“航线运输驾驶员（飞机）整体课程”和“高性能多发飞机训练课程”飞行教员、检查教员。“高性能多发飞机训练课程”相比“航线运输驾驶员（飞机）整体课程”更强调课程场景设计和科目逻辑性，在“飞行教员资质能力提升培训课程 MOUDLE2”的开发过程中，作者把近年来执教的感悟和想法大胆地加入 MOUDLE2 中，于 2019 年 6 月 28 日完成课程培训方案初稿，历经 4 次修改，直至 2019 年 12 月 27 日完成了 7 个批次，共 27 名飞行教员的培训。在课程开发和实践过程中对基于胜任力的训练有了较为深刻的理解，翻阅了大量的资料，同时也遇到了很多的问题，直到民航局 39 号令《关于全面深化运输航空公司飞行训练改革的指导意见》出台，研究团队渐渐明确将飞行训练从基于科目向基于核心胜任力转变是大势所趋。

就目前的训练模式，无论是法规，还是大纲以及实践考试标准，都是基于执照所需的科目和训练时间来制定的，对科目和完成标准都有详细的描述。并不是说基于科目的训练就没有训练能力，只是没有从能力构建的角度出发去设计课程和科目，所以训练效率较低，只能通过增加训练时间和科目次数以达到训练目的。在“飞行教员资质能力提升培训课程 MOUDLE2”，作者尝试按照《关于全面深化运输航空公司飞行训练改革的指导意见》中的要求调整飞行训练理念，实现飞行训练理念的“六个转化”。通过课程实施效果，授课教员和受训教员的反馈。得出以下几点思考：

（1）基于胜任力的训练是有效的，但是在课程目标、绩效目标、行为指标、课程场景、课程评估之间需要科学地精心地设计，才能实现预期的训练效果。

（2）每个受训教员的基础能力和知识储备不同，在体验感上差距较大。知识的应用这项胜任力对每一项胜任力的行为表现都有影响，如果受训教员知识较为薄弱就会感觉课程要求过高，难度太大，短时间要接受的信息太多。

（3）每个授课教员的评价标准和个人感悟不同，即使有很清晰的评估表格，对于同一受训教员打出的分数也存在较大差异。

（4）由于文化的差异，对于行为指标的解读可能不同。例如程序的执行和遵守规章的第一条行为指标：Identifies where to find procedures and regulations（找到程序和规章的来源）。在原文描述中它用的是“where”这个单词，但是在中文中我们用“来源”这个词，如果我们对程序和规章进行溯源，我们希望受训教员不仅仅知道在哪找到程序和规章，而且明白程序设计的原理和逻辑，以及规章要求的根本原因。

（5）受制于核心技术细节未明，在不了解国外训练理念推导和验证过程的情况下，直接使用结论和评估矩阵，出现了不理解和不适合的情况。

所以，指导意见的要求其实是想建立一个基于中国文化的训练体系，以更加科学高效的方式统一行业的训练标准和评估标准，让不同的训练机构和不同的飞行教员得到的训练数据变成同一量度的、可记录的、可分析的、有价值的数据，以实现飞行员技能全生命周期的大数据管理。

要想达到这样的目标，需要分析中国飞行员的实际情况，探索和研究符合中国国情的飞行训练改革方案，充分挖掘中国民航 60 多年的训练管理经验，凝练中国智慧，输出中国标准，建立新时代具有中国特色的飞行训练体系，以此全面提高 141 航校训练质量，实现中国民航可持续发展。

2. 国内外研究现状

2003 年 2 月 11 日欧洲发表了非技术技能研究最终报告 *NOTECHS final report*，对飞行员胜任力定义如下。

Competency. A combination of knowledge, skills and attitudes required to perform a task to the prescribed standard.

胜任力：按照规定标准执行任务所必需的知识、技能和态度的组合。

Core competencies. A group of related behaviours，based on job requirements，which describe how to effectively perform a job and what proficient performance looks like. They include the name of the competency，a description，and a list of behavioural indicators.

核心胜任力：描述如何有效地执行一项工作以及熟练技能表现的基于工作要求的一组相关行为能力，包括胜任力的名称、描述以及行为指标列表。

Competency-based training. Training and assessment that are characterized by a performance orientation，emphasis on standards of performance and their measurement and the development of training to the specified performance standards.

基于胜任力的训练：重点表现为以绩效为导向的训练和评估，强调绩效标准及其衡量标准，并按照规定的绩效标准开展训练。

2013 年，ICAO 及 IATA 均推出了循证培训手册 *Evidence based training*。

2017 年，中国民用航空飞行学院启动了“飞行教员资质能力提升培训课程”，借鉴循证训练（EBT）理念，对全体飞行教员进行了基于胜任力训练理念的宣贯和基础理论培训，对一线飞行教员的触动很大，很多教员开始接触基于胜任力的训练理念，在“飞

行教员资质能力提升培训课程 MOUDLE1”课程完成以后，大量的教员已经开始思考它与当前训练方式的不同。

2018 年 8 月 29 日，ICAO 发布了 ICAO State Letter AN 12/59.1-18/77，对胜任力定义和描述进行了更新，并强调了绩效目标：

Competency. dimension of human performance that is used to reliably predict successful performance on the job. A competency is manifested and observed through behaviours that mobilize the relevant knowledge，skills and attitudes to carry out activities or tasks under specified conditions.

胜任力：人类绩效的一个维度，用于可靠地预测工作中的成功绩效。一项胜任力是通过调动相关知识、技能和态度在特定条件下开展活动或任务的行为来表现和观察的。

Performance criteria. Statements used to assess whether the required levels of performance have been achieved for a competency. A performance criterion consists of an observable behaviour（OB），condition（s）and a competency standard.

绩效目标：用于评估是否达到了胜任力所要求的绩效水平的陈述。绩效标准由可观察的行为、场景和胜任力标准组成。

Observable behaviour（OB）. A single role-related behaviour that can be observed and may or may not be measurable.

可观察的行为：一种单一的、可以被观察到的与飞行机组成员相关的行为，可能是可测量的也可能是不可测量的。

Conditions. Anything that may qualify a specific environment in which performance will be demonstrated.

场景：可以界定一个特定环境的任何事物，绩效将在该环境中进行展现。

Competency standard. A level of performance that is defined as acceptable when assessing whether or not competency has been achieved.

胜任力标准：达到可接受的绩效水平，无论胜任力是否具备。（胜任力标准由运营人或者训练机构设定，飞行员在特定的场景下，通过展现期望的可观察的行为，达到了运营人设定的可接受的绩效水平，我们即认为他达到了胜任力要求的绩效目标）

2019 年 1 月，中国民航管理干部学院举办了第一期循证培训（EBT）和航线运行审计（LOSA）研讨班。同年 5 月，中国民航管理干部学院在上海举办了第二期 EBT 训练方法研发指南及实施进阶班。

目前国内许多大型航空公司以及培训机构都在进行胜任力的研究。

3. 胜任力与信息加工

“胜任力”这个概念最早由哈佛大学教授戴维·麦克利兰（David McClelland）于 1973 年正式提出，是指能将某一工作中有卓越成就者与普通者区分开来的个人的深层次特征，它可以是动机、特质、自我形象、态度或价值观、某领域知识、认知或行为技能等

任何可以被可靠测量或计数的并且能显著区分优秀与一般绩效的个体特征。

在中文中，能力是一种综合素质的体现，“能”和“力”都是象形字。

“能”，象形字。金文字形像站立的熊形，大口朝下，前后腿脚，带钩的爪，短尾，简单而概括地表现了熊嘴大尾短、四肢粗短的基本特征。战国文字则头、口、脚几处分离；小篆字形由秦简字形演变而来；隶楷文字由小篆演变而来，头部变成了左上的“厶”，口部成了左下的“月”，前后腿脚成了右上、右下两个“匕”，写作“能”。

“能”被假借为能力、才能。如《大禹谟》：“汝惟不矜，天下莫与汝争能。汝惟不伐，天下莫与汝争功。”

“力”，象形字，本意指肌肉活动的效能。《说文解字》：“筋也。象人筋之形。治功曰力，能御大灾。”

“力”衍义为能力，如《史记·淮阴侯列传》：“欲为陛下所为者甚众，顾力不能耳。”

研究团队认为，胜任力即为胜任某项工作的能力，是在能力的基础上强调了针对性和可靠性，即满足此项工作的特定条件和持续可靠的稳定表现。

以往的训练方式也训练了飞行员的能力或者称之为胜任力，当前的研究旨在提高训练的效率，并且统一标准。不管是 141 航校还是航空公司或者训练机构，不缺乏优秀的教员，可是这些教员的教学方法因人而异，可意会不可言传，可言传不易成体系。以针对性和可靠性为特性的胜任力训练得到的数据可以使推广和统一成为可能。

FAA 人为因素手册指出，自 1903 年以来，随着航空器技术和可靠性的不断提高，技术因素在事故中所占的比例逐年降低，而人的因素逐年升高，当今占到 80%的比例（见图 3.4）。

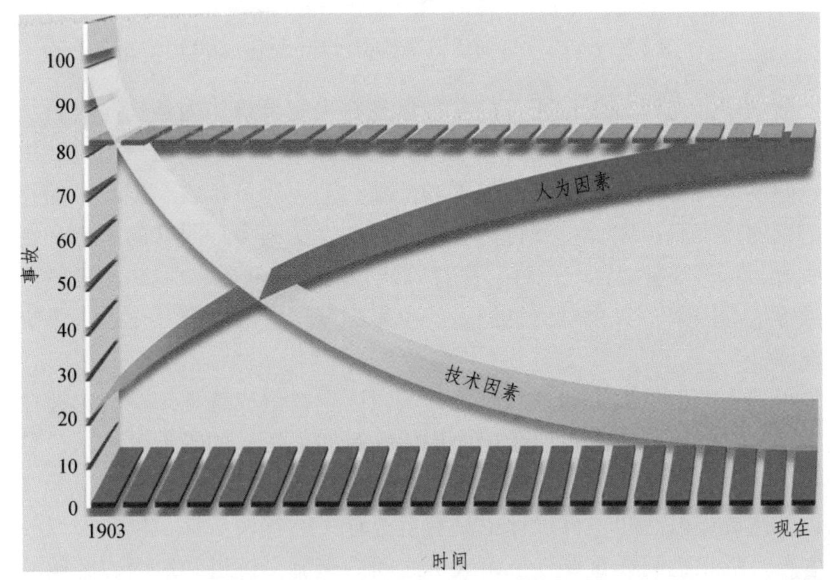

图 3.4　技术因素与人为因素在事故中所占比例

无论是技术技能还是非技术技能，基于胜任力的训练还是聚焦在人，用信息加工的观点和方法来分析飞行员的认知过程，聚焦飞行员的实际工作，研究外界刺激、飞行员的心理活动和飞行员的行为表现，为解读各项胜任力提供了理论依据。

现代认知心理学，把个体的心理活动视作一个信息加工过程（Information Processing），人的信息加工过程一般可以通过不同的信息加工阶段来表示，包括对环境信息的感知、信息的中枢加工或对信息的转换、对信息做出反应或信息的输出阶段。认知过程中的感觉相当于信息的输入过程，记忆与思维相当于信息的中枢加工，做出反应则相当于信息的输出。人的各种行为表现，无论是简单的还是复杂的活动，都离不开信息的加工过程。

关于人的信息加工过程，国内外学者均对其进行了大量研究，并提出相应的信息加工过程模型。这些模型在一定程度上描述了人的信息加工的基本过程及其相互关系，如图 3.5 所示。

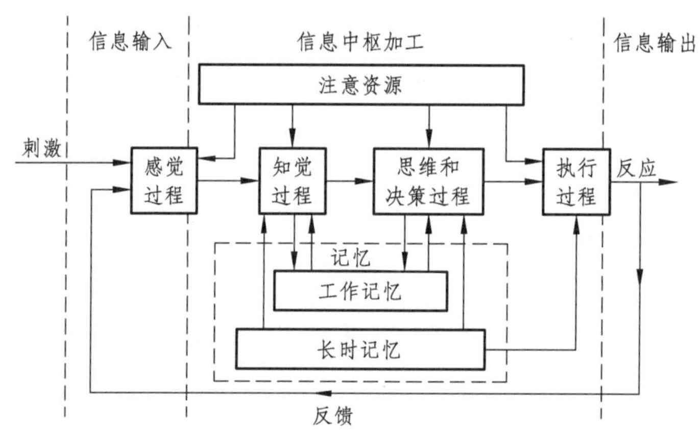

图 3.5　人的信息加工过程模型（朱祖祥，2003）

在飞行活动中，与飞行工作相关的各种信息在飞行员机体内传输，飞行员从视觉、听觉、触觉、嗅觉等方面感知到飞行活动相关信息开始，直至最后做出判断决策，实施相应操纵，始终与对各类飞行信息的加工和处理，即飞行员接收、编码、储存、提取和使用飞行信息的过程直接相关。飞行员对信息的加工受到多种因素的影响和制约，就飞行员自身而言，其感知、记忆、思维、注意等认知因素，气质、性格、态度等个性因素，睡眠与疲劳等生理因素，都会对信息加工产生影响。这些因素交互作用，影响着飞行员的行为表现。

感觉过程是人的信息加工的第一阶段，又叫感觉登记或感觉储存。它储存输入感觉器官的刺激信息，但这些信息在感受器内保持的时间很短，如果不对输入信息做进一步处理，这些信息就会迅速衰退直至完全消失。至少有 80%以上的外界信息经视觉获得，通过视觉，飞行员可以感知飞行过程中具有重要意义的各种信息，包括外界的信息和驾驶舱内的信息。听觉也同样重要，机组人员之间的交流，机组和地面、客舱、管制、签派之间的交流，飞机的音频提示，都是飞行员交互信息、同步情景意识的重要渠道。

感觉过程中获得的刺激，进一步传递到大脑相应中枢，就进入知觉过程。知觉过程在感觉过程的基础上进行，它对当前输入的信息与记忆中的信息做进一步的综合加工。

我们意识到的感觉表象与我们看到的、听到或者感觉到的刺激并不完全相同，我们的感官感知到什么，感觉表象就是什么。对刺激的知觉并不像对刺激的接受一样直接，相反，它还涉及心理解释，这种解释受到我们的心理状态、过去经验、知识、动机及其他很多因素影响。在某一时刻，由于注意力、工作负荷、情景意识等原因飞行员只能意识到其中的一部分刺激，要对任务和信息处理进行筛选和排序，合理地利用资源来分工和协作，以保证工作负荷余量。所以如何给飞行学员呈现恰当的刺激，使其注意力和心理努力都关注此类刺激，进而帮助飞行学员学习在将来的飞行运行中有用的特定信息、技能和概念才是教员需要解决的问题。

知觉过程有记忆过程的参与，从而使得知觉具有反映认知对象整体形象的特点。信息经知觉过程的加工后，或存入记忆，或进入思维和决策过程。思维过程是在记忆基础上进行的更为复杂的信息加工过程，通过比较、分析、综合、判断、推理等活动，排除与问题解决无关的信息，在与问题有关的信息中探寻信息间的因果联系，最后找到问题的答案。

短时记忆是记忆的一部分，储存人们正在思考的信息。它是一个储存系统，也称工作记忆，将容量有限的信息保持约几秒钟。在任何时候，我们意识到自己有的想法实际上都被保留在短时记忆中，一旦停止思考，这些想法将从短时记忆中慢慢消失。将信息保持于短时记忆的一种方法是反复地思考或讲述该信息。在飞行过程中，对重要指令和设备的标准喊话、交叉检查，按照标准单卡完成的起飞简述与进近简述都是为了达到这个目的。不同的个体在短时记忆容量上存在着差异，扩充短时记忆容量的一个主要因素是背景知识，飞行员掌握的知识越多，吸纳和组织新信息的能力越强。

长时记忆分为 3 个部分：情景记忆、语义记忆和程序记忆。情景记忆是关于个体亲身经历的记忆，对飞行员非常重要，飞行过程中看到的或听到的场景的心理再现，有利于飞行后的总结和成长。语义记忆包括已知的知识、概念、原理以及应用它们的方法，也包括问题解决技能和学习策略。程序记忆为我们储存“怎么做”的信息，程序记忆中的信息是以一系列刺激反应配对组成的复合体形式储存的。飞行轨迹管理—手动飞行这项技能就储存在程序记忆中。

思维过程也是不断进行决策的过程，例如在解决问题过程中，首先要对有关信息与无关信息做出决策，确定有关信息后，则要对何者为主要信息何者为次要信息做出决策，确定主要信息后又要对如何运用主要信息、解决问题的步骤或方案进行决策，直至问题最后解决。

反应则是将决策付之于行动的过程，如果做出的决定是对外界刺激所取某种反应活动，这种决策信息就会以指令形式传输到相应器官，支配其做出相应的动作，也就是我们要评估的可观察的行为。

对于人的各种输出或反应，个体可以借助感觉器官获得反应活动结果的相关信息，从而构成模型中所示的反馈环节。通过反馈，人们对自己的活动进行自我调节。虽然在绝大部分时间里，视觉反馈起主要作用，但对于飞行，由听觉、触觉、动觉等感觉系统提供的反馈也很重要。

此外，所有信息加工过程中都离不开注意。通过注意，个体能够将心理活动指向并集中于信息加工的过程与内容，它对信息加工起着导向和支持作用。

3 胜任力描述与可观察的行为

ICAO State Letter AN 12/59.1-18/77 给出了飞行员胜任力的架构，给出了每一项胜任力的描述以及可观察的行为，并且明确说明了胜任力和可观察的行为没有按照任何预先定义的优先顺序列出，可观测行为可包括但不限于表格中所列可观测行为。研究团队按照自己的理解对 9 项胜任力重新进行了排序，加入了学习能力和飞行作风两项维度，并尝试将胜任力进行分类和分级，分类和分级的目的仅仅是从胜任力培训的角度考虑，力求达到循序渐进的培训效果。

胜任力分为 3 类：基础胜任力，桥梁胜任力和高级胜任力。

通过信息加工模型的分析不难看出，知识的应用影响着知觉过程、记忆过程和思维过程，是所有胜任力的基础；程序的执行和遵守规章、飞行轨迹管理—手动飞行、飞行轨迹管理—自动飞行这 3 项是保证飞行过程可以实施的基本条件。所以这 4 项是胜任力构建中的基础胜任力。

沟通、情景意识和信息管理是桥梁胜任力，在胜任力模型中起到相互铰链以及承上启下的作用，各项胜任力之间相辅相成，并不是相互隔离的。

领导力和团队合作、工作负荷管理、问题解决和决策是需要培养的高级胜任力。

学习能力是不是飞行员胜任力的一个维度呢？学习是一种获得新知识、新技能以及新态度的过程。学习经验的不断累积能改变我们的行为。学习的能力是我们人类区别于其他生物的最显著的特征之一。人的一生总是在不断的学习，也正是孜孜不倦的学习才会改变人的认知、思维方式和处事方法。

学习通常被定义为经验导致的个体的改变。迈耶将学习定义为“经验导致的学习者知识的持久改变”。

学习有很多种方式。有时，学习是有意识的，比如飞行学员获得地面理论课中呈现的信息；有时，学习又是无意识的，比如一个儿童看到拿着注射器的医生就产生焦虑，这肯定是习得的行为。这个儿童已经学会把注射器与疼痛联系起来，当他（她）看到注射器时，身体就会出现情绪反应。这种反应可能是无意识的或者不由自主的，但毫无疑问它是习得的。因为刺激的存在（激活感觉的环境条件），所以当一个人在觉醒的状态下，他的感官对所有类型的刺激都是完全开放的，各种类型的学习始终都在进行，飞行训练的实践过程让飞行员可以习得很多书本中学习不到的内容，学习能力可以对各项胜任力构建起到积极的促进作用。

禅语云：修行以行制性，悟道以性施行；觉者由心生律，修者以律制心。除了学习能力，飞行作风也是构建其他胜任力的重要维度。

学习能力作为内循环，飞行作风作为外循环，对于飞行员胜任力构架起到加固和支撑的作用，如图 3.6 所示。

图 3.6　胜任力描述与学习能力、飞行作风之间的关系

1. 基础胜任力——知识的应用

凡是依据已有的知识经验去解决有关问题都可以叫作知识的应用。知识的应用不同于知识的领会，知识的应用是在知识的领会的基础上进行的，同时又是对知识领会的检验与发展。知识的领会是具体事物的抽象化过程，知识的应用是抽象知识的具体化过程，从逻辑意义上来说，前者是归纳过程，后者是演绎过程。在飞行中这几项可观察的行为的描述可以说非常笼统，所以法规和大纲列出了必须学习和掌握的具体的每一类知识以及相应的学习时间要求。

为什么要把知识的应用放在第一位？通过胜任力的分析和溯源，我们发现每一项胜任力都离不开知识的应用。也就是说知识的储备是其他胜任力展现的一个前提，知识的学习和应用贯穿整个飞行训练过程。知识的应用不同于解决实际问题，所以我们要梳理出其余几项胜任力标准所需要的对应的知识，和特定的环境，才能评价出具体的某项知识的应用。

建立了完整的知识体系框架，才可以很清楚地知道从何处获取信息。展现出对获取知识的积极兴趣与学习的动机和良好的学习态度有关。而能够高效地对知识进行应用则要求对知识的深入理解。所以知识的应用是第一项基础胜任力。

胜任力	描述	分级	可观察的行为
知识的应用	展现与信息、操作指南、飞机系统和运行环境相关的知识和理解	知识的学习与应用	OB 0.1 展现出对于限制和系统以及它们之间相互影响的实用的、恰当的知识。 OB 0.2 展现出具备公布操作指南需要的知识。 OB 0.3 展现出关于自然环境、空中交通环境包含航路、天气、机场和运行基础设施的知识
		积极的学习态度，对知识的深度理解	OB 0.6 展现对获取知识的积极兴趣。 OB 0.7 能够高效地对知识进行应用
		全面、深度地掌握知识并建立知识架构，即使是不知道或者遗忘的知识，也能快速检索到，能够找到知识的来源	OB 0.4 展现出适用法规所需的恰当知识。 OB 0.5 知道从何处获取信息

2. 基础胜任力——程序的执行和遵守规章

在《标准操作程序 AC-121-FS-2018-22R1》中，标准操作程序被定义为一系列按步骤执行的工作流程指导，以帮助飞行机组成员执行复杂的常规操作以及部分特定的非正常操作。

程序的执行和遵守规章是基础胜任力，是飞行员识别并应用符合公布操作指南和相应规章的程序。但是在仔细阅读可观察的行为描述以后，它并不完全适合刚开始接受飞行训练的飞行学员。

那么从飞行学员的角度考虑，我们期望观察到的行为应该怎么描述和解读？

例如 OB1.2 及时应用相关的操作指南、程序和技术，应该是学习应用相关的操作指南、程序和技术，包括正常程序、非正常/应急程序，着陆偏差修正，复飞等等。原文中的描述是针对成熟飞行员的，强调及时以及应用，但是对于学员是学习并应用。

OB1.4 正确的操作飞机系统和相关设备。在学员学习程序的过程中，结合地面理论课所学的飞机系统和相关设备的知识，不仅可以在使用过程中熟悉飞机系统和相关设备，还能通过飞机系统的限制和各系统、设备之间的关系，学习程序设计的逻辑和原理。

OB1.3 遵守 SOP，除非因安全原因需要适当的偏离。飞行学员在学习程序的过程中应该首先建立标准操作程序的概念，偏离是建立在充分理解标准操作程序的基础之上，在需要立即决断和处置的紧急情况下，对机长的更高的胜任力要求。机长可以采取他认为在此种情况下为保证飞行安全应当采取的任何行动，包括在保证安全所需要的范围内偏离规定的运行程序与方法、天气最低标准和其他规定。

OB1.1 找到程序和规章的来源。教员给学员提供了相关法规、飞机飞行手册 AFM、

操纵手册 OM、飞机机型理论资料、飞行员训练手册 PTM，飞机飞行指南等学习资料，并介绍了这些学习资料所对应的不同的方向和使用方法，这仅仅是初步建立在哪里找到想要的知识，并不是学生已经建立知识，程序和规章的框架体系，并知道程序和规章的来源。我们认为，在中文里，这里的“来源”不单单是指在哪里找到程序和规章，还含有溯源的含义。

例如在空中释压的处置程序中，具备增压系统的各机型，该程序通用的原则首先是记忆项目氧气面罩的使用以及紧急下降。而此类机型驾驶舱准备的程序中势必包含对氧气量、氧气面罩、氧气面罩麦克风与音频控制面板的检查，同时符合 CCAR-23 部《正常类、实用类、特技类和通勤类飞机适航规定》和 CCAR-25 部《运输类飞机适航标准》中的氧气设备和供养要求。而应该给每位驾驶员配备能在 5 s 内即能用单手从待用位置戴上面部的能供氧和正确固定并密封的快戴型氧气面罩是 CCAR-91 部《一般运行和飞行规则》和 CCAR-121《大型飞机公共航空运输承运人运行合格审定规则》等运行类规章的要求。紧急下降程序和《中华人民共和国飞行基本规则》以及 CCAR-93《民用航空空中交通管理规则》有关。

以上所述只是找到程序和法规，但是当中提到的最大飞行高度层和供氧时间等关键要素追根溯源是和缺氧症以及有用意识时间等生理知识相关。

<table>
<tr><th colspan="3">缺氧反应</th></tr>
<tr><td>高度/ft</td><td colspan="2">症状</td></tr>
<tr><td>10 000</td><td colspan="2">头痛、疲劳</td></tr>
<tr><td>14 000</td><td colspan="2">发困、头痛、恶心、晕厥、视力减弱、肌肉组织相互不协调、指甲发紫</td></tr>
<tr><td>18 000</td><td colspan="2">记忆力减退，同上所述症状相似且加重</td></tr>
<tr><td>22 000</td><td colspan="2">惊厥、虚脱、昏迷、休克</td></tr>
<tr><td>28 000</td><td colspan="2">5 min 之内立即出现虚脱、昏迷</td></tr>
<tr><td colspan="3">有用意识时间</td></tr>
<tr><td>高度/ft</td><td>静坐时</td><td>轻微活动时</td></tr>
<tr><td>18 000</td><td>30 min</td><td>20 min</td></tr>
<tr><td>20 000</td><td>12 min</td><td>5 min</td></tr>
<tr><td>22 000</td><td>10 min</td><td>5 min</td></tr>
<tr><td>25 000</td><td>3 min</td><td>2 min</td></tr>
<tr><td>30 000</td><td>1 min 15 s</td><td>45 s</td></tr>
<tr><td>35 000</td><td>45 s</td><td>30 s</td></tr>
<tr><td>40 000</td><td>30 s</td><td>18 s</td></tr>
</table>

我们再重温一下 AC-121-FS-2018-22R1《机组标准操作程序》中描述，标准操作程序是由航空运营人编制的一系列按步骤执行的工作流程指导，以帮助飞行机组成员执行

复杂的常规操作以及部分特定的非正常操作。SOP 旨在实现机组操作的高质高效以及一致性，同时减少沟通的失误和触犯航空规章的可能。使用标准、规范的操作程序是机组受过良好训练的表现。除了我们通常的程序概念之外，还应包括遵守规章、咨询通告、运行手册、相关管理文件等。

对程序的学习会经历看山是山、看山不是山、看山还是山的过程。起初会觉得程序仅仅是按一定步骤执行的工作流程，当深度学习以后发现原来它的逻辑设置考虑了很多因素，到最后发现既定的程序是在一定条件下最合理的指导，但是它依然无法处理所有问题的答案。所以随着时代的发展、运行环境的改变、航电设备的更新，程序也是不断发展的，拥有高阶等级胜任力的飞行员应承担未来程序改进的责任。例如 2009 年 1 月 15 日，萨伦伯格机长驾驶全美航空 1549 次航班起飞不久后发生鸟击事件，双发停车，无法返回机场。萨伦伯格机长冷静处置，展现了高阶等级的程序的执行和遵守规章，没有按照 QRH 的顺序，首先启动了 APU，使用形态 2 迫降，凭目测判断飞机的下降率和所处的高度，保持坡度水平，利用空客飞机迎角保护，成功将飞机迫降在哈德逊河上，全机 155 人全部生还。在此次事件之后，空客修改了紧急着陆程序，将 APU 启动提前了，并将水上迫降推荐的形态 3 改成了形态 2。

胜任力	描述	分级	可观察的行为
程序的执行和遵守规章	识别并应用符合公布操作指南和相应规章的程序	学习标准的程序理念与框架，构建程序背后的相关知识体系，梳理程序设计的目的和逻辑，达到一定的熟练度，建立 SOP 的概念	OB 1.3 遵守 SOP。（笔者将 OB1.3 进行了拆分） OB 1.4 正确的操作飞机系统和相关设备。 OB 1.5 监控飞机系统状态。 OB 1.7 应用相关的程序性知识
		在正常程序的基础上，对飞机系统和相关设备深入学习，通过对非正常程序和应急程序的练习，了解系统故障后互相的影响，建立更深的知识架构，研究法规和程序互相的关联。不再是死板的执行 SOP，而是思考有利于安全的决策，必要时适当地偏离	OB 1.2 及时应用相关的操作指南、程序和技术。 OB 1.3 遵守 SOP，除非因安全原因需要适当的偏离
		飞行员已完成知识完整性的构架，没有短板与漏洞。已完成程序逻辑性构架没有不理解与排斥。通过不断的练习达到精通的熟练度，没有记忆原因的生疏与遗漏，行为指标的稳定性高。拥有优秀，甚至杰出等级的职业操守和飞行作风，不会有故意的作为或者不作为的违章	OB 1.1 找到程序和规章的来源。 OB 1.6 服从相应规章的要求

3. 基础胜任力——飞行轨迹管理—手动飞行

飞行轨迹管理—手动飞行被描述为使用手动控制飞行轨迹，我们希望学员展现出手动操纵飞机完成预期飞行状态改变和保持的能力。

OB 4.1　根据实际情况，准确、柔和地手动控制飞机。OB 4.2　　监控并发现与期望飞机轨迹之间的偏差，采取恰当的行动。OB 4.3　运用飞机姿态、速度、推力之间的关联，导航信号或视觉信息手动控制飞机。

以上 3 个可观察的行为是相辅相成的，是初期学习手动飞行的重要指标，我们希望飞行学员准确、柔和地控制飞机完成平飞、上升、转弯、下降等正常状态的保持与互相转换，完成空域机动科名，完成目测落地。要保持准确和柔和的要求，必须训练学生的注意力分配（包括但不限于视觉信息），在空中真实地感受和运用飞机姿态、速度、推力之间的关联，飞行学员才能形成发现偏差和修正偏差的意识和能力。所以多年以来，注意力分配和基本驾驶术始终是手动飞行的基础。

OB 4.5　手动保持期望轨迹的同时管理其他任务和干扰。初教机通常是单发螺旋桨的单人制飞机，在保持手动飞行的同时，要完成程序，完成检查单，完成无线电通话和与教员的正常交流等。OB4.5 是建立在 OB4.1、OB4.2、OB4.3 以上 3 条的基础之上的。

飞行轨迹管理—手动飞行，包含基本驾驶术这个基本功的概念。支撑手动飞行这项胜任力需要扎实的飞行基础理论，包括机型理论、飞行原理、载重与平衡、飞机性能、空气动力学等。

现在的训练大纲中，学员掌握基本的动作互换以后，就开始完成大坡度盘旋、失速改出、小速度飞行等机动科目，或者小航线、无功率进近等特殊起落程序，复飞以及着陆偏差修正等。螺旋、低空风切边改出、复杂状态改出 UPRT，或者飞机结构受损、操纵系统受损等非正常情况则需要更高的操纵技能。

1989 年 7 月 19 日，联合航空 232 号航班（UA/UAL232）的道格拉斯 DC-10 三发客机的二号发动机（位于尾翼基部）因为扇叶片制造的瑕疵，运转时叶片脱离损坏了机上所有的 3 套液压系统，导致各翼面的控制功能失效。在无舵面工作的情况下，机组人员在原本坐在后舱中的一位非值勤飞行员的协力下，靠着控制仅存的两具发动机调整飞行方向，尝试让班机在爱荷华州苏城完成紧急迫降，就是一个典型的例子。

胜任力	描述	分级	可观察的行为	
飞行轨迹管理—手动飞行	使用手动控制飞行轨迹	基本驾驶术，包含注意力分配和状态保持与动作互换，形容飞行员可以在正常条件下运用手动操纵技能，准确、柔和地控制飞机，完成基本的飞行机动	OB 4.3	运用飞机姿态、速度、推力之间的关联，导航信号或视觉信息手动控制飞机。
			OB 4.2	监控并发现与期望飞机轨迹之间的偏差，采取恰当的行动

续表

胜任力	描述	分级	可观察的行为
飞行轨迹管理—手动飞行	使用手动控制飞行轨迹	在基本驾驶术和注意力分配的基本功之上，理解飞机操纵系统的工作原理，体现出对飞机精准的操纵，需要更高的熟练度，以完成更加复杂的机动飞行	OB 4.1 在符合当时条件的情况下运用手动准确、柔和的控制飞机。 OB 4.6 当针对某些条件已安装并可用时，恰当使用飞管和指引系统。 OB 4.7 有效监控飞行指引系统，包括接通和自动模式的转换
		深刻理解飞行原理、飞机性能和飞行包线，在遭遇特殊情况才会展现，需要针对性的训练，此时飞行员不再靠本能操纵飞机，而是根据当时的情况采取最恰当的决策和操作技术	OB 4.4 安全的管理飞行轨迹以获得最佳运行性能。 OB 4.5 手动保持期望轨迹的同时管理其他任务和干扰

4. 基础胜任力——飞行轨迹管理—自动飞行

飞行轨迹管理—自动飞行是基础胜任力，是建立在飞行轨迹管理—手动飞行基础之上的一项胜任力。飞行指引仪和自动驾驶仪帮助飞行机组在正常飞行包线内操纵飞机，自动驾驶仪可以接管飞行过程中大部分的常规性任务，稳定性和精准度高，让把杆飞行员减轻了工作负荷，但是机组必须实施有效的监控。

胜任力	描述	分级	可观察的行为
飞行轨迹管理—自动飞行	使用自动化控制飞行轨迹	掌握自动飞行系统相关组件的知识、程序和标准喊话。恰当地使用飞行管理引导系统，安全地管理飞行轨迹，使飞机可以达到期望的飞行状态。	OB 3.1 当针对某些条件已安装并可用时，恰当使用飞管、指引系统和自动化设备。 OB 3.2 监控并发现与期望飞机轨迹之间的偏差，采取恰当的行动
		深入了解飞行操纵系统和自动飞行设计原理与工作方式，例如拥有复杂自动飞行系统的空客系列飞机，理解电传操纵的工作原理以及相关操纵法则等，了解系统失效对自动飞行设备的影响，例如降级以后自动飞行的工作模式选择	OB 3.5 根据不同飞行阶段和工作负荷，及时恰当的选择自动化等级和模式。 OB 3.6 有效监控自动化，包括自动化的接通和模式的转换
		了解自动飞行设备工作情况对飞行性能的影响，对飞行包线的影响。从飞行状态监控和工作负荷的角度考虑，主动选择合理的自动化等级和模式，在特定情况下，可将自动飞行和手动操纵充分利用，合理转换	OB 3.3 安全的管理飞行轨迹以获得最佳运行性能。 OB 3.4 使用自动化保持期望轨迹的同时管理其他任务和干扰

5. 桥梁胜任力——沟通

沟通是指以令人愉快和易于理解的方式相互交换信息、思维以及情感的过程。这种过程不仅包含口头语言和书面语言，也包含肢体语言、个人的态度和情绪、物质环境（赋予信息含义的任何东西）。

在人类交流过程中，总是会发生某种形式的编码和解码过程。这 3 个要素（编码、传递、解码）是内在联系并且相辅相成的。整个交流的过程和各种因素是非常复杂的，但是我们必须认识到的是，交流是一个双向的过程，交流是否有效是通过衡量所发送的和接收到的想法的相似程度来决定的。

表达能力是在语言能力的基础上发展的语用能力。倾听不仅仅是要用耳朵来听说话者的言辞，还需要一个人全身心地去感受对方的谈话过程中表达的言语信息和非言语信息。

沟通这项胜任力被描述为无论处于正常或非正常情况，都能在运行环境中使用恰当的方式进行沟通。

飞行中的沟通包括飞行员与其他机组成员、管制、签派、机务、乘客等的沟通也包括飞行员与飞机的沟通。主要的表现形式是无线电通信，数据链通信，标准喊话，起飞、进近简述，机长广播以及机组交流。除了飞行实施阶段以外，飞行前准备、飞行直接准备以及飞行后讲评，机组有时间进行充分的沟通。

在飞行训练中，学员需要对教员的指令、提示、教学，积极倾听并表示理解，并表达自己的想法。初始飞行学员如果没有精力完成无线电通话，其原因并不是说飞行学员没有完成无线电通信的能力，而是因为当前他的工作负荷较高，基本驾驶术、程序的执行已经占用了他大量的精力和时间，这也是初始飞行学员胜任力训练要考虑的因素。OB2.6 是建立在 OB2.5 的基础上，如果飞行学员在当前阶段能在教员的教学或者讲评时表达自己的观点和想法，提出切题有效的询问，则说明学员的沟通能力提高了。例如在离场过程中，前方有同高度的飞机，存在空中相撞的威胁，飞行学员应该询问并提醒教员，并报告管制人员证实是否存在潜在的冲突。

正常的机组交流的基础是掌握运作中所涉及的标准术语。飞行员在机组资源管理 CRM 的框架下展示出在传递信息时清楚准确，在接收信息时积极倾听并表明理解。必需借助于一定的符号系统作为信息的载体才能实现，符号系统是机组交流的工具。有效交流的前提是相同的背景知识，程序理解和情景意识，当然也受性格、态度和过往经历的影响。有效的沟通非常重要，误解和冲突会直接影响飞行安全。沟通是机组资源管理的一个重要组成部分，甚至许多人提到机组交流就联想到 CRM。可以这么说，沟通不是 CRM 的全部内涵更不能等价于 CRM，但沟通的确是机组资源管理的重要组成和主要实现手段。机组通过机组成员之间的沟通交流来实现对机组资源的管理，没有交流便谈不上机组管理。在实际飞行活动中，飞行机组往往会花费许多时间用于完成沟通。如果机组的沟通是有效的，驾驶舱的工作效率将会提高，高水平的情景意识才有可能达到和保持。而不良的机组交流则会削弱驾驶舱的表现，引起误解和错误，并导致情景意识的丧失，其结果是引起重大的灾难。因此，机组资源管理训练的中心任务便在于提高个体间的沟通交流技能。

我们想要训练飞行学员的沟通能力，可以在初始阶段塑造飞行学员适用于飞行的职业性格和专业态度，有助于沟通这项胜任力的培养和发展。

<table>
<tr><th>胜任力</th><th>描述</th><th>分级</th><th colspan="2">可观察的行为</th></tr>
<tr><td rowspan="10">沟通</td><td rowspan="10">无论处于正常或非正常情况，都能在运行环境中使用恰当的方式进行沟通</td><td rowspan="4">完成飞行过程中必要的标准喊话，简述，检查单和无线电通信。传递信息清楚准确，积极倾听并表示理解</td><td>OB 2.3</td><td>传递的信息清楚、准确、简洁明了。</td></tr>
<tr><td>OB 2.5</td><td>积极倾听，在接收信息时表示理解。</td></tr>
<tr><td>OB 2.9</td><td>遵守标准的无线电通信术语和程序。</td></tr>
<tr><td>OB 2.10</td><td>用英语正确的阅读、理解、构建和回应数据链信息</td></tr>
<tr><td rowspan="3">主动积极的询问和回答，强调反馈和闭环的重要性。发现问题该提醒提醒，共享情景意识，避免误解</td><td>OB 2.1</td><td>确保沟通对象准备好并能够接受信息。</td></tr>
<tr><td>OB 2.4</td><td>确保沟通对象展现了对重要信息的理解。</td></tr>
<tr><td>OB 2.6</td><td>提出切题有效的询问</td></tr>
<tr><td rowspan="3">清楚沟通的目的和意义，能理性地控制情绪，以标准专业的态度对待每一个沟通对象，营造良好的沟通环境，选择恰当的主题、时机、方式及对象进行沟通。鼓励团队合作和开放的沟通方式，互相尊重，化解冲突，始终达到有效的沟通</td><td>OB 2.2</td><td>选择恰当的主题、时机、方式及对象进行沟通。</td></tr>
<tr><td>OB 2.7</td><td>恰当使用递进的沟通方式，化解明显的意见不合。</td></tr>
<tr><td>OB 2.8</td><td>以符合组织文化和社会文化的方式，使用并领会非言语沟通</td></tr>
</table>

6. 桥梁胜任力——情景意识和信息管理

情景意识（Situation Awareness）是在特定的时间和空间范围内，对环境中各种要素和发生事件的感知，对其意义的理解以及对未来状态的预测（Endsley，1995）。

Endsley 提出情景意识的 3 个时间观点，即对时间的知觉、与事件相关的时间动态以及对真实情景的动态知觉。首先，在许多不同领域的情景意识研究中，时间都被认为是情景意识的重要构成元素，特别是在情景意识的理解和预测水平上。情景意识中一个重要的部分即觉察在事故发生前或执行某项任务前的剩余时间，操作者不仅要了解某元素的位置，更要了解这个元素将在何时对自己的任务产生影响。此外，环境变化的速度也会影响情景意识。在环境变化过程中，操作人员应该采取相应认知策略以便保持高水平的情景意识。

情景意识是获得的外部信息、工作记忆加工和被激活的内部长时记忆的特殊产物，并且与内部表征的形成相关联。情景意识在飞行中也称作处境意识（Situational Awareness），飞行机组在特定时段和情景中对影响飞机和机组的各种因素、条件的准确认知，也即飞行员对自己所处环境的认识。飞行员要知道自己周围已经、正在以及将要发生的事情，与飞行安全有密切的联系。主要包含两个方面：（1）飞行员个体处境意识，即飞行员个体对影响飞行环境的各种因素和条件的知觉。机组成员之间存在个体差异。

在双人制机组中，可能一名飞行员的处境意识要高些，另一名要低些，或者两人都很高或都很低。同一名飞行员在不同的时间，处境意识可能也不一样。（2）机组处境意识，即作为一个整体的机组具有的处境意识。不是每个机组成员处境意识的总和，主要取决于责任机长的处境意识。

情景意识和信息管理被描述为察觉，理解、管理信息并预见其对运行的影响。在信息管理中监控很重要，在 OB7.1 和 OB7.2 中，它强调的是监控和评估飞机的“状态”，原文是 State 和 Energy State。也就是说我们希望飞行员可以通过对飞机系统工作状态进行监控，对飞机的各项参数和航行诸元以及飞行轨迹进行监控，包括视觉、听觉、触觉、嗅觉、知觉（下意识）、记忆等，将获取的信息解码和期望值以及目标对比，最后采取相应的动作，程序以及对策。来自机组成员和他人的信息传递也是获取信息的重要渠道，所以沟通和情景意识是互相支撑的。

短暂或长时间的丢失情景意识非常危险，按照标准操作程序可以指导飞行员按照一个正确的流程持续的获取信息。疲劳会导致情景意识的降低，适当的工作负荷和应激水平有利于情景意识的保持。

飞行经验对情景意识有帮助，信息存在于记忆中，过往的经历使获取的信息和获取信息的渠道都相对熟悉，减少了思考的时间。这也解释了为什么当飞行学员到了陌生的环境或者更换了机型后，反应变慢，情景意识出现降级的情况。但是飞行经验也有可能让人进入惯性思维和管道效应，所以理解和预测很重要。

<table>
<tr><th>胜任力</th><th>描述</th><th>分级</th><th colspan="2">可观察的行为</th></tr>
<tr><td rowspan="3">情景意识和信息管理</td><td rowspan="3">察觉，理解、管理信息并预见其对运行的影响</td><td>机组的注意力聚焦在当下，仅对眼前的信息加以感知和理解，可参考 5W 和 1H 模型（Who, When, Where, What, Why, How），包括人、飞机、环境的当前状况</td><td>OB 7.1
OB 7.2
OB 7.3
OB 7.5</td><td>监控和评估飞机及其系统的状态。
监控和评估飞机的能量状态以及期望的飞行轨迹。
监控和评估可能影响运行的总体环境。
保持对参与运行或受运行影响人员，以及他们能否按要求进行工作的意识</td></tr>
<tr><td>不仅仅关注当前状态，体现出计划性和预测，主动通过多渠道获取信息并对信息的准确性进行判断，提前预判并且采取相应的对策对信息加以识别和管理。出现威胁差错管理是情景意识提升的关键指标</td><td>OB 7.4</td><td>证实信息的准确性并检查重大错误</td></tr>
<tr><td>体现出对于全局掌控，思考具有长远性和全面性</td><td>OB 7.6
OB 7.7</td><td>根据与威胁和差错相关的潜在风险，制定有效的应变计划。
对情景意识降低的迹象作出反应</td></tr>
</table>

7. 高级胜任力——工作负荷管理

工作负荷是指单位时间内人体承受的工作量，根据工作性质的差异分为体力工作负荷和心理工作负荷两类。工作负荷与人的工作绩效之间存在倒U型关系，即当工作负荷较低或较高时，人的工作绩效均较低。工作负荷很低时，大脑的兴奋性水平较低，注意不易集中，这时人体对外界信号的反应较慢，容易漏失或歪曲信号而导致错误，这种情况称为工作低负荷；当工作负荷很高时，工作者的工作能力接近或达到极限水平，这时无论生理还是心理状况都已不能适应继续工作的要求，并且由于剩余能力耗尽，工作者无法应付突发事件而容易导致各类事故，这种情况称为工作超负荷。

一般情况下，个体在正常环境中连续工作 8 h 且不发生过度疲劳的最大工作负荷值，被称为最大可接受工作负荷水平。一般来说，体力工作负荷以疲感、肌肉酸痛感、沉重感等主观体验作为评定手段。脑力劳动者的工作负荷则以情绪状况、睡眠质量、脾气好坏作为最直接的指标。如果一个人的工作让自己感到力不从心、情绪低落，或者工作效绩下降、差错或事故发生率增加、个人满意感降低，就得考虑工作是否超负荷了。

疲劳、压力、时间都是影响工作负荷的关键因素。飞行员的年龄和体检有十分严格的规定，法规对机组成员的值勤期限制、飞行时间限制和休息时间（包括定期疗养）也有明确的要求，以控制机组的疲劳程度。

工作负荷管理这项胜任力被描述为合理利用资源来制定任务的优先级和分配任务，以保持足够的工作负荷余量，既不过高也不过低，努力使其落入最佳工作负荷区域。当信息量较大时，飞行员需要主动地进行加工，关注重要的信息，延迟或摒弃不重要的信息，或者延长时间。飞行过程中经常遇到短时间内任务过多的情况，例如多跑道机场运行，恶劣天气下的绕飞，复杂的进离场过程中更换程序或更换跑道，遭遇特情等。

胜任力	描述	分级	可观察的行为
工作负荷管理	合理利用资源来制定任务的优先级和分配任务，以保持足够的工作负荷余量	意识到各阶段工作量和任务难度的不同，在没有学会有效干预的情况下，尽量按照任务流程执行，建立时间和压力的概念，对工作负荷高和低的状态警觉	OB 8.7 对行动认真地监控、检查和交叉检查。 OB 8.8 证实任务已经按照预期的结果完成
		积极地自我调节，主动管理时间和任务，在工作负荷较高时主动地分配任务与寻求帮助，优先合理地对任务排序	OB 8.3 执行任务时有效的管理时间。 OB 8.4 提供并给予协助。 OB 8.5 委派任务。 OB 8.6 当需要时寻求和接受协助
		拥有高阶的情景意识与沟通能力，始终主动保持自己和机组人员的工作负荷在合理的区间，保持合适的应激水平和自我效能	OB 8.1 在所有情况下都进行自我控制。 OB 8.2 高效的计划、优先、排序适合的任务。 OB 8.9 执行任务时能够对打断、干扰、变化和错误进行有效的管理并从中恢复

8. 高级胜任力——领导力和团队合作

领导是领导者为实现组织的目标而运用权力向其下属施加影响力的一种行为或行为过程。领导工作包括 5 个必不可少的要素：领导者、被领导者、作用对象（即客观环境）、职权和领导行为。

领导力在领导系统中是一个根本性、战略性的范畴，是领导者凭借其个人素质的综合作用在一定条件下对特定个人或组织所产生的人格凝聚力和感召力，是保持组织成长和可持续发展的重要驱动力。

团队合作是指团队里面通过共同的合作完成某项事情。1994 年，斯蒂芬·罗宾斯首次提出了“团队”的概念：为了实现某一目标而由相互协作的个体所组成的正式群体。在随后的 10 年里，关于“团队合作”的理念风靡全球。

领导力和团队合作是影响他人为共同目标作出贡献，依靠合作达成团队的目标。飞行中多是以沟通、工作负荷管理和决策的形式展现，基于当前的运输航空飞机系统和运行的复杂性，根据 LOSA 统计的数据，平均每一次航班都会发生 5 到 6 次的机组差错，飞行员独立完成所有的任务很难保证飞行安全。我们可以通过增强基础胜任力和桥梁胜任力来培养领导力和团队合作。也可以另辟蹊径，例如在安全管理体系 SMS 中，让员工参与良好的安全文化活动，通过轻松有趣的活动，促进团队产生共同的信念、态度和做法，以提高领导力和团队合作，从而提高安全运行水平。

飞行是一项复杂的任务，需要机长将个人联结成团队，从技术、信息、资源、意识多个方面进行分工和配合，以达到安全运行的预期目的。当团队合作是出于自觉和自愿时，必将会产生一股强大而且持久的力量。

胜任力	描述	分级	可观察的行为
领导力和团队合作	影响他人为共同目标作出贡献。依靠合作达成团队的目标	先完成自己的工作，并学会作出贡献，提供帮助，展现合作	OB 5.4 考虑他人的意见。 OB 5.5 建设性地提供和接收反馈。 OB 5.6 用建设性的方式处理并化解冲突和分歧。 OB 5.9 执行收到的指令
		从参与者向管理者转变，展现出专业的知识，严谨的程序，全局的情景意识，管理能力和高阶的沟通技巧。为实现团队目标合理利用资源，营造良好的氛围，分配任务并提供帮助	OB 5.1 鼓励团队合作和开放的沟通方式。 OB 5.2 积极进取，在必要时指引方向。 OB 5.3 让他人参与计划的制定
		始终从全局的角度管理整个飞行过程，在鼓励和接管之间转换，敢于担当，并在面临意外时展现韧性和复原力	OB 5.7 必要时展现果断的领导力。 OB 5.8 为决策和行动承担责任。 OB 5.10 使用有效的干预策略来解决发现的偏差。 OB 5.11 管理文化上和语言上的难题（如适用）

9. 高级胜任力——问题的解决和决策

问题解决和决策是识别征兆，缓解困难，并制定决策。航空决策中主要分为理性决策和自然决策，影响决策制定的关键因素是时间。现有的决策模型很多，例如 DECIDE 模型或者 FOR-DEC 模型，决策模型的基本流程包含发现并定义存在的问题，考虑各种可能的解决方案，选择最优或者可执行性高的一种解决方案并实施，最后对结果进行评估。

过去在研究学习、记忆以及其他认知功能时所使用的方法并不直接涉及大脑本身。科学家们精心设计实验，对大脑的功能进行研究发现，随着个体不断地获得知识和技能，其大脑也变得越来越高效，大脑不是知识和技能的档案柜，而是会参与组织信息的过程，使信息能被更高效地提取和使用。与添加信息同样重要，甚至比它更重要的是有选择地忽视或排除信息的过程，以及将信息井然有序地联系起来的过程。在决策模型的使用过程中，随着决策技能的熟悉，大脑仅仅有很小一部分处于活跃状态，大脑选择了更为高效的通路。

从 Endsley 的态势感知模型也可以看出，情景意识对决策的制定至关重要。态势感知包括 3 个层次：感知层（Perception）、理解层（Comprehension）、预测层（Projection）。飞行员对飞机状态、飞行参数、环境中的各种要素进行感知，包括环境的状态、属性以及环境的动态变化。在感知层之上，衡量要素对于达成目标的重要程度，将信息加以理解，并预测下一步的状态。态势感知的最终目的是支持决策的制定和任务的执行。通过前文对各项胜任力的分析不难发现，整个决策过程是建立在基础胜任力和桥梁胜任力之上的。如图 3.7 所示。

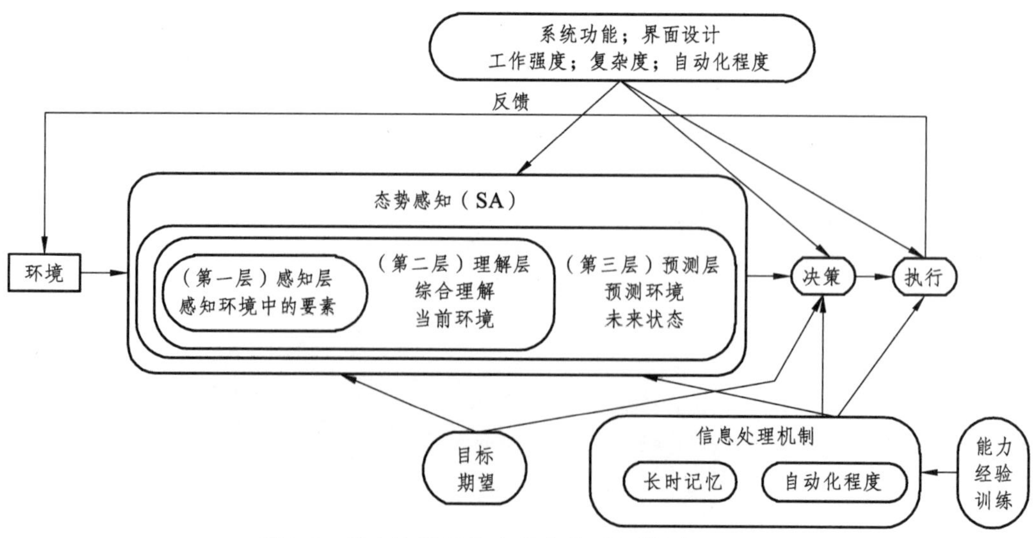

图 3.7 动态决策环境中的态势感知模型 Endsley

胜任力	描述	分级	可观察的行为
问题解决和决策	识别征兆，缓解困难，并制定决策	充分收集信息，识别威胁和差错，评估状态，如有问题，及时发现并找出原因	OB 6.1 及时的识别，评估并管理威胁与差错。 OB 6.2 从合适的来源寻找准确充分的信息。 OB 6.3 适当时，识别并证实出现了什么问题以及原因
		时间允许时，熟练使用决策模型来提高理性决策。如有可能，遵循推荐的标准指南和参考。如果没有现存指南或程序，主动调整，并留有备份方案。通过以决策模型为框架的思维练习，简化认知成本	OB 6.5 找出并考虑恰当的选项。 OB 6.8 在没有现存指南或程序的情况下进行调整以适应当时的状况
		通过 TEM 始终保持安全水平，及时识别，评估并管理威胁与差错。评估和管理时间，根据情况选择性使用理性决策，或者以理性决策改进自然决策，展现复原力，如需要可根据情况变化回顾调整之前的决策，直到问题解决	OB 6.4 锲而不舍地解决的问题并坚持安全第一。 OB 6.6 采取恰当及时的决策技巧。 OB 6.7 必要时监控、检查并调整决策。 OB 6.9 面临意外事件时展现韧性

4 构建溯源训练体系

1. 溯源训练理念

根据以上对胜任力的分析和描述，作者提出了一个概念，叫作溯源训练。

溯源训练以基于实证的训练和基于胜任力的训练为基础，遵循飞行员胜任力成长和发展的客观规律，溯源飞行员行为表现的本质、所接受的飞行训练以及飞行员胜任力 3 者之间的因果关系，以此为依据构建溯源训练体系。

CCAR-141 部驾驶员学校，作为中国民航飞行员全生命周期的源头，将溯源训练理念融入在训练和教学管理过程中，建立溯源训练管理体系，在胜任力溯源的基础上，以绩效为导向收集期望的行为指标，强调以绩效标准和科学测量为基础的评估工具，并按照特定的绩效标准和训练大纲开展训练和评估，实现胜任力、飞行作风和训练质量皆可追溯、可预测，对飞行学员的成长和发展十分有利。

我们将它命名为溯源训练管理体系（Traceability Training and Management System）。

2. 目　的

落实民航局《关于全面深化运输航空公司飞行训练改革的指导意见》，推动飞行教学改革工作，探索、建立支撑有力、协同高效、开放创新的新时代中国特色飞行训练体系，为全面建成民航强国提供重要战略支点。

3. 适用范围

民用航空器驾驶员学校，飞行训练中心，通用和运输航空公司。

4. 意　义

为民用航空器驾驶员学校实施飞行训练提供规范和指导。为全面建成飞行员全生命周期提供数据、方案和支撑。传承我国民航优秀训练管理经验，输出中国智慧打造中国标准。提高飞行教学研究能力、实施能力、创新能力、可持续发展能力和国际影响力。

5. 体系框架

溯源训练管理体系包括 1 个理念、4 个部分和 1 个工具。

1 个理念是指溯源训练理念（Traceability Training Philosophy），溯源训练聚焦于飞行人员各项胜任力的起源和发展过程，帮助飞行员拨开庞杂的细节和迷雾，拓展飞行思维宽度和深度，引导飞行员的思维方式和逻辑性，是一种专注于飞行员认知过程的训练理念。

4 个部分是指①胜任力溯源；②飞行理论溯源；③飞行质量溯源；④飞行作风溯源。

1 个工具是指基于胜任力的评估工具 CET（Competencies Evaluation Tool），开发与 CET 配套的软件，进行数据收集、数据清洗和数据分析，可以实现画像、溯源和预测。

胜任力溯源是溯源训练管理体系的核心，以实证和胜任力之间的因果关系为依据，改进训练大纲、训练课程和教员培训。

飞行理论溯源是根据训练实践的反馈改进理论课程、训练教材。让理论老师参与飞行训练，让飞行教员参与教材编写和课程研发，加强理论课程与实际飞行训练的联系。

飞行质量溯源利用基于胜任力的评估工具 CET，改进课程检查和实践考试标准，为质量管理提供有效的质控数据，实现训练质量可追溯，高效地监督和评估训练过程中暴露出的问题（例如具有普遍性的胜任力缺失），溯源问题的根本原因（例如课程设计或者教员培训，组织原因或者个人原因），找到切实有效的解决办法，反馈并改进。

飞行作风溯源，根据第 1 篇“飞行人员胜任力训练数据分析报告”结合飞行学员在校期间的操行记录和日常规范遵守情况，发现学员的作风与各项胜任力中可观察的行为都有一定的关联。从学员进校的第 1 天开始持续到毕业，在 4～5 年的作风养成期，利用 CET 收集飞行学员涉及飞行作风指标的实际行为表现，结合学员日常行为规范，“日久见人心”，实现飞行作风可追溯。

6. 结束语

世界上没有两片完全相同的树叶，也不会有两个人拥有完全相同的胜任力框架。针对每一个个体，其胜任力框架和标准模型之间也存在着差距（如 Tetris 模型，见图 3.8）。

图 3.8　Tetris 模型

如果此类飞行员面临的任务难度超过其胜任力的水平，即不胜任，那么安全就无法保证，所以按照胜任力模型从零开始科学构建和评估的飞行学员稳定性和复原力会更高。中国民航飞行学院一直传承着帮思想、教技术、带作风的优良传统，作为飞行教员要根据飞行学员的实际情况，搭建其胜任力框架，真正做到因材施教！作为训练机构，应建立溯源训练管理体系，从源头开始建立飞行员技能和作风全生命周期。将溯源训练理念融入基于胜任力的训练中，实现胜任力溯源、飞行理论溯源、质量溯源和作风溯源。训练

机构可以根据飞行学员的特点，从基于胜任力的角度改进现有训练大纲，也可根据初教机飞行教员、中教机飞行教员、高性能飞行教员的需求不同，建立不同的教员胜任力训练大纲，指导训练、改装和复训。根据航空公司副驾驶、机长、飞行教员、检查员的工作胜任要求不同，基于胜任力的评估工具 CET 可以作为航空公司人员晋升和是否胜任提供数据支撑和参考。

一个训练理念要结合实际的课程不断改进，才可能变得成熟和完善。我们在“飞行教员资质能力提升训练课程”中对飞行教员的行为表现进行统计和分析，发现梳理清楚各项胜任力行为指标之间的关系，将基于胜任力的训练从理论转换到实践，落实如何训练、如何评估才是最核心的问题。因为这是飞行员在学习、掌握、运用一项复杂的专业技能，训练效果是因人而异的，胜任力的提高也是因人而异的，需要通过大量的实践才能得出科学的结论。基础胜任力如何构建？桥梁胜任力如何培养？高级胜任力如何衍生？这些都需要继续研究与实践。

“雄关漫道真如铁，而今迈步从头越”，我们坚信有能力、有义务紧跟时代，探索出新的训练理念和符合中国实际的民航飞行员培养道路。

胜任力评估工具（CET）
Competencies evaluation tool

引　言
1　CET 评估矩阵示例
2　胜任力评估工具（CET）
附件 1　基于胜任力的课程设计思路及培训方法简介
附件 2　“实施细则”与 OB 的对应示例

引 言

本书前 3 个篇章首先通过以训练数据报告的形式提炼出基于胜任力训练方法在我国实践的经验和总结；接着以指导手册的形式开发了可以满足基于胜任力训练要求的课程开发工具；之后以飞行员核心胜任力培训指导手册（Guidance Manual for Pilot Competencies Training）为指导，决定建立一套符合我国国情的飞行员胜任力训练体系——溯源训练管理体系。

本篇将以前 3 个篇章内容为依托，主要就如何建立“飞行员技能全生命周期”的胜任力评估为主要阐述对象，进行对胜任力评估工具（Competencies Evaluation Tool）的详细介绍。争取达成以实证为基础，通过整合课程开发、场景设计、绩效指标、过程评估和最终评估，最终形成一套完整的飞行员胜任力评估链条的终极目标。

1 CET 评估矩阵示例

实施细则	对策/表现指标/评分标准	OB	胜任力
1. 飞行前准备	5 分：机组在地面飞行前准备时已从 NOTAM、机场细则、气象预报资料中识别了所有威胁和可能影响飞行的因素（机场需要执行减噪起飞、目的地机场不同跑道的不同进近方式、航路积冰天气条件），并制定了对策来应对这些威胁。 4 分：机组在地面飞行前准备时已从 NOTAM、机场细则、气象预报资料中识别了部分威胁，并制定了对策来应对这些威胁。 3 分：机组在地面飞行前准备时已从 NOTAM、机场细则、气象预报资料中识别了部分威胁，但未制定相应对策来应对这些威胁。 2 分：机组识别了部分威胁，但获取渠道不是 NOTAM、机场细则、气象预报资料，同时并未制定相应对策来应对这些威胁。 1 分：机组没有任何威胁管理，甚至没有进行飞行前准备	OB0.2，0.3，0.5 OB1.1 OB6.1，6.2，6.8 OB7.6	0 知识的应用 1 程序的执行和遵守规章 6 问题的解决和决策 7 情景意识和信息管理
2. 驾驶舱准备	5 分：机组按标准程序完成驾驶舱准备，并按左右座分工执行检查单。 4 分：机组未按标准程序，但完整地完成了驾驶舱准备，并完整执行了全部检查单，但并严格左右座分工。 3 分：机组未按标准程序执行驾驶舱准备，但通过严格左右座分工执行检查单，达到了保证安全的目标。 2 分：机组未按标准程序执行驾驶舱准备，也未严格左右座分工执行检查单，甚至检查单也未完整执行，突破了安全底线。 1 分：机组遗漏了驾驶舱准备的部分项目，也未完整执行全部检查单	OB1.2	1 程序的执行和遵守规章
3. 申请放行	5 分：机组在抄收通波阶段就减噪起飞的描述产生有效的沟通，并结合飞行前准备阶段的威胁管理进一步同步了机组的情景意识。 4 分：机组在抄收通波阶段并未就减噪起飞的描述产生有效的沟通，因为在飞行前准备阶段已进行了关于减噪起飞的威胁管理，从之后机组的表现来观察，机组具有要进行减噪起飞的同步情景意识。 3 分：机组在飞行前准备阶段未识别到机场需要进行减噪起飞，但在抄收通波阶段就减噪起飞的描述产生有效的沟通并同步了机组的情景意识。 2 分：机组在飞行前准备阶段未识别到机场需要进行减噪起飞，在抄收通波阶段并未就减噪起飞的描述产生有效的沟通。 1 分：机组在飞行前准备阶段未识别到机场需要进行减噪起飞，在抄收通波阶段并未就减噪起飞的描述产生有效的沟通，并在之后起飞阶段观察到机组并不了解需要执行减噪起飞	OB1.2 OB2.4，2.9 OB7.1，7.3，7.6	1 程序的执行和遵守规章 2 沟通 7 情景意识和信息管理

续表

实施细则	对策/表现指标/评分标准	OB	胜任力
4. 发动机启动及启动后	5分：机组按标准程序完成发动机启动及启动后准备，并按左右座分工执行检查单。 4分：机组未按标准程序，但完整地完成了发动机启动及启动后准备，并完整执行了全部检查单，但并未严格左右座分工。 3分：机组未按标准程序执行发动机启动及启动后准备，但通过严格左右座分工执行检查单，达到了保证安全的目标。 2分：机组未按标准程序执行发动机启动及启动后准备，也未严格左右座分工执行检查单，甚至检查单也未完整执行，突破了安全底线。 1分：机组遗漏了发动机启动及启动后准备的部分项目，也未完整执行全部检查单	OB1.2	1程序的执行和遵守规章
5. FMS飞行计划输入/起飞简令	5分：机组设置FMS计划，通过不同信息来源交叉检查计划准确性。完成完整有效的起飞简述，通过之后起飞全阶段的观察，机组此时同步了所有情景意识。 4分：机组设置FMS计划，通过相同信息来源交叉检查计划准确性。完成完整有效的起飞简述。 3分：机组设置FMS计划，通过相同信息来源交叉检查计划准确性。非PF完成完整有效的起飞简述。 2分：机组设置FMS计划，但并未交叉检查计划准确性。非PF完成完整有效的起飞简述。 1分：机组设置FMS计划，但并未交叉检查计划准确性，计划甚至出现错误。非PF完成不完整的起飞简述，甚至没有执行起飞简述	OB1.3 OB2.1，2.4 OB7.1，7.6 OB8.1，8.2	1程序的执行和遵守规章 2沟通 7情景意识和信息管理 8工作负荷管理
6. 滑行	5分：滑行阶段机组分工明确，如对滑行路线产生疑问及时停止滑行并询问ATC，机组积极商讨并考虑是否在滑行阶段开启防冰。如存在滑行过程中变换起飞跑道、离场方式的指令，机组分工明确，存在有效交流，作出有利于安全的机组决断，同时按照标准程序完成相关操作。机组对跑道入侵有足够的威胁管理对策。 4分：滑行阶段PF操纵飞机滑行，同时其还在看航图确认飞机位置和滑行路线，如对滑行路线产生疑问及时停止滑行并询问ATC，PF不断评估是否在滑行阶段开启防冰。PF独立完成变换起飞跑道、离场方式等相关记载设备的设置，之后以补充简述的形式与机组其他成员同步情景意识。机组通过严格标准操作程序以应对跑道入侵的威胁。 3分：滑行阶段PF操纵飞机滑行，同时其还在看航图确认飞机位置和滑行路线，如对滑行路线产生疑问仍然继续滑行并委任PM询问ATC，飞机按照指令正确完成滑行任务，PF在滑行过程中考虑是否应在滑行阶段开启防冰。PF独立完成变换起飞跑道、离场方式等相关记载设备的设置，机组并没有为了同步情景意识而有任何行动。机组通过差错管理的方式应对跑道入侵的问题。	OB0.3 OB1.1，1.2，1.3 OB2.1，2.4，2.9 OB4.1 OB6.1 OB7.2，7.3 OB8.1，8.5，8.7，8.9	0知识的应用 1程序的执行和遵守规章 2沟通 4飞行轨迹管理——手动飞行 6问题的解决和决策 7情景意识和信息管理 8工作负荷管理

续表

实施细则	对策/表现指标/评分标准	OB	胜任力
6. 滑行	2 分：滑行阶段 PF 操纵飞机滑行，同时其还在看航图确认飞机位置和滑行路线，如对滑行路线产生疑问仍然继续滑行并自行询问 ATC，导致飞机划错滑行路线，机组讨并未考虑是否在滑行阶段开启防冰。PF 独立完成变换起飞跑道、离场方式等相关记载设备的设置，机组并没有为了同步情景意识而有任何行动，可能产生设置错误的结果。机组没有管理跑道入侵的意识，遵从 ATC 管制的指令进入跑道。 1 分：滑行阶段 PF 操纵飞机滑行，同时其还在看航图确认飞机位置和滑行路线，如对滑行路线产生疑问仍然继续滑行，导致飞机滑错滑行路线。机组并未考虑是否在滑行阶段开启防冰。PF 独立完成变换起飞跑道、离场方式等相关记载设备的设置，机组并没有为了同步情景意识而有任何行动，产生设置错误的结果，直接影响之后的飞行安全。机组没有管理跑道入侵的意识，遵从 ATC 管制的指令进入跑道		
7. 减噪起飞	5 分：机组按照标准操作程序及分工完成减噪起飞及之后的检查单与无线电通信。机组根据之前阶段的威胁管理和既定对策，并通过积极监控来考虑使用防除冰设备。 4 分：机组按照标准操作程序及分工完成减噪起飞及之后的检查单与无线电通信。通过积极监控当前温度以及气象条件来考虑使用防除冰设备。 3 分：PF 按照标准操作程序完成减噪起飞及之后的检查单与无线电通信。机组通过积极监控当前温度以及气象条件来考虑使用防除冰设备。 2 分：PF 未按照标准操作程序完成减噪起飞及之后的检查单与无线电通信，造成飞行差错。机组在积冰条件下飞行时通过观察机体结冰，从而使用防除冰设备。 1 分：机组为按照减噪起飞程序来完成起飞。机组在积冰条件下飞行，一直未使用防除冰设备，导致非预期航空器状态、症候或事故	OB0.3 OB1.2，1.3 OB2.1，2.2，2.3，2.4，2.9 OB3.6 OB4.1 OB6.1 OB7.3，7.6 OB8.5	0 知识的应用 1 程序的执行和遵守规章 2 沟通 3 飞行轨迹管理——自动飞行 4 飞行轨迹管理——手动飞行 6 问题的解决和决策 7 情景意识和信息管理 8 工作负荷管理

以上评估表格的制作逻辑和方法将在后文做详细介绍，以便揭开基于胜任力评估的秘密。

2 胜任力评估工具（CET）

《中飞院飞行人员胜任力训练数据分析报告》中指出“基于胜任力的训练和评估（CBTA），重点表现为以绩效为导向的训练和评估，强调绩效标准及它们的测量结果，并按照特定的绩效标准开展训练”。

作为胜任力评估工具，按照CBTA内容的指导，本章将分两个部分对CET进行描述与介绍——评估的思路和方法、具体用途及优越性。

2.1 评估的方法和思路

1. 思　路

1）评估主体

《中飞院飞行人员胜任力训练数据分析报告》中介绍“在没有特定环境或训练事件的限制下，可以认为对策（Countermeasure）等效于可观察的行为（OB）。如果飞行员通过表现出的可观察的行为（OB）达到了预期的结果，则可以认为该飞行员展现了期望的绩效（Performance）”。所以可以认为评估的主体内容是可观察的行为（OB）和期望的绩效（Performance）。

2）评估载体

为了让学员展现特定的绩效，场景、故障、科目需要进行限定，也就是说需要限定绩效展现的场景，同时需要强调具有多通路的绩效目标（通常是一项任务）没有意义，必须明确需要的绩效。所以可以认为评估的载体是明确了需要绩效的场景。

3）评估对象

中飞院（中国民用航空飞行学院）多年的教学实践说明，分割“课程”和“评估”是行不通的，这将造成不同教员/评估人员之间评估结果的显著差异，没有哪一种方法可以精确评估所有课程，课程评估和课程设计应该一体化。所以可以认为评估（打分）的单位对象应是课程场景下的“实施细则”或“子任务”。

综上所述，基于胜任力的评估是对在特定场景下（运行环境或训练场景）被评估飞行人员的可观察的行为（OB）进行评估，而这些可观察的行为（OB）是根据威胁和差错管理而制定的相应对策，并且这些对策成功保证了飞行安全和提升了安全水平。9项胜任力是威胁和差错管理（TEM）中所有对策（Countermeasure）的来源，胜任力的缺失将导致飞行员运行过程中安全水平出现下降。如图4.1所示为评估模型示意图。

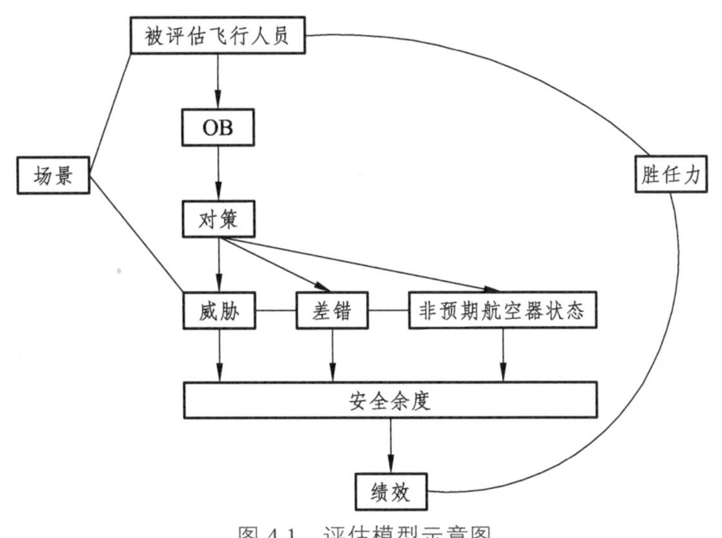

图 4.1　评估模型示意图

2. 方　法

1）数据收集

以中飞院《高性能多发飞机课程训练大纲（20 h）》（2020 版）为例，FFS01 模拟机课中，实施细则总共有 11 项（平飞及功率管理、高空运行与飞行包线等），每一项实施细则中，大纲编写者都详细描述了可观察的行为（OB）。训练中，如果受训者的行为（包括不作为）达到了预期的结果，那么期望的绩效（Performance）即达到。所以施训者或检查员就应在该项实施细则（或子任务）上进行打分，具体分数标准可依据《威胁与差错管理（TEM）》的概念性框架，根据机组保持的安全水平等级来制定。例如，气象预报表明航路有中度以上积冰（环境威胁），机组如未发现此威胁则有可能使飞机飞入积冰条件而未开启防除冰设备（飞机操作差错），从而导致飞机空速衰减（非预期航空器状态）。这一事件中机组可以采取威胁管理（绕飞、更换巡航高度层）、差错管理（开启防除冰设备并脱离结冰区域）、非预期航空器状态改出（恢复空速或下降高度）等措施来消除不利结果（飞机失控、撞地）。在这一事件中，如果机组在上机前的地面准备中已经从气象预报中识别了航路有中度以上积冰这个环境威胁，从而制定了相应的对策（绕飞、更换巡航高度层）管理了此威胁，那么在纳入防除冰这个科目或拥有航路有中度以上积冰这个环境威胁的训练场景的“实施细则”的打分数值就是 5 分；如果机组在开车后、滑行、起飞、爬升、巡航的某一阶段通过不断监视仪表数据（外界温度或冲压温度）和外界气象条件（是否有明显可见水汽）或其他可以让机组意识到有积冰发生或存在的可能的信息时，机组认知到飞机暴露在积冰的环境中并进行差错管理（开启防除冰设备并脱离结冰区域），那么此项“实施细则”的打分数值就是 4 分；如果机组在飞机机体的某部分已经形成积冰时意识到飞机当前的积冰处境并进行非预期航空器状态改出（恢复空速或下降高度）等措施来消除不利结果（飞机失控、撞地），那么此项“实施细则”的打分数值就是 3 分；2 分或 1 分的分值所对应的机组可观察行为是机组的作为或不作为导致飞机在积冰状态下进入复杂状态从而失控或撞地，造成相应的症候或事故。另一种情况，如果飞行课或模拟机课中的某个“实施细则”中没有设置任何基于科目的威胁，那么其打分原则可以遵循 EBT 的评估方法，具体为 1 分为无法展现足够的胜任力水平，很少能展现出任何所需的可观察的行为（OB），会引发不安全情况；2 分为胜任力展现达到临界水平 ，只在偶尔情况下才能展现出一些所需的可观察的行为（OB），但总体来说不会导致不安全状况；3 分为展现了合理的胜任力水平，经常能展现出大部分所需的可观察的行为（OB），实现安全运行；4 分为有很好的胜任力展现，经常能展现出所有要求的可观察的行为（OB），提升了安全水平；5 分为，胜任力展现堪称典范，总能展现出所有需要的可观察的行为（OB），因此极大地提高了安全效用和效率。

上述是培训大纲中单一模拟机课的数据收集方法，接下来将阐述整个培训周期内大数据收集的对比及意义。传统培训中如果飞行学员出现不可接受的表现即被判定不通过，并未深入探究引起这一表现潜在的胜任力缺失或作风下滑，也没有给飞行学员展示运用自身能力回复正常运行状态的机会。考试/检查不通过的学员，多是因为技术类胜任力不达标而被判定“不合格”，这与正常训练中学员被判定“不满意”的原因相一致。教员/考试员普遍通过学员飞行数据的偏差、知识的欠缺、程序的错误进行判定，然而，这一评价标准没有体现出学员非技术胜任力的区别。传统培训的评估均以飞行参数容差为准则，“一刀切”地评价飞行员的技术和非技术胜任力，是一种以运动技能为主导的评估方法。而以观察行为评估飞行学员胜任力的评估方法就必须要周期性、大数据地收集飞行学员的绩效。同时，通过对比飞行学员在不同阶段没有达到目标绩效的未展现的预期可观察行为，可以得出飞行学员个性化的胜任力（技术和非技术）缺失和可观察的行为（OB）（基础和进阶）缺失。

2）软件分析

《中飞院飞行人员胜任力训练数据分析报告》指出“9 项胜任力不是平行关系，需要进行分级培养”“若需要打造飞行学员牢固的胜任力框架，精密的胜任力构建顺序必须在培训课程中得到体现”“不仅学员的胜任力发展有明显的先后顺序，训练过程中其可观察的行为（OB）也有一定的展现规律”。

胜任力分级的优点：有利于学员胜任力的养成，更符合教学规律；有利于胜任力的分析和评估；便于课程开发和场景设计；便于教员/评估人员依据威胁与差错管理模型对胜任力评分。

可观察的行为（OB）分级的优点：便于胜任力溯源，可以精确定位学员行为所对应的胜任力；可以绘制胜任力养成路线图，例如某些基础 OB 的展现证明可对该学员进行另一项胜任力的训练；便于收集数据；便于胜任力发展轨迹的追踪；便于过程评估。

在一体化的课程评估和课程设计中，因为训练场景的限制，导致每个训练阶段、每

一课、每个实施细则中飞行人员展现期望的绩效的通路是固定的，也就是说可观察的行为（OB）以及相应的胜任力是根据场景而不一样的，且是限定和确定的，所以利用软件收集和分析数据就成为可能。

数据收集完成后，软件（比如训练管理系统）后台自动根据不同训练阶段的可观察的行为（OB）和胜任力，得出受训者在当前阶段、整个训练周期、甚至全生命周期（如果雇用该飞行员的航司也选用此评估方法）的缺失胜任力和缺失的 OB。

3）得出实证

飞行人员缺失的胜任力和缺失的可观察的行为（OB）就是基于运行数据的培训和评估而得出的实证。例如，胜任力情景意识和信息管理的定义是察觉、理解和管理信息，并预见其对运行的影响。通过实证的收集，可以得到飞行人员是通过监控和评估飞机及其系统的状态（OB7.1）从而察觉、理解和管理信息（情景意识和信息管理胜任力定义的前半部分）的基础 OB 缺失还是通过根据与威胁和差错相关的潜在风险，制定有效的应变计划（OB7.6）来预见其对运行的影响（情景意识和信息管理胜任力定义的前半部分）的进阶 OB 缺失；抑或宏观得出该飞行人员仅仅是察觉、理解和管理信息，而并未利用这些信息来预见其对运行的影响，从而得出此项胜任力缺失的结论。以上只是以“情景意识和信息管理”这一项胜任力为举例，表明胜任力定义的前后不同对其定义的深层次影响，并且阐述出与定义前后部分与相对应的可观察的行为（OB）的内在联系。再比如“领导力和团队合作”这项胜任力，其定义为“影响他人为共同目标作出贡献。依靠合作达成团队的目标。”此项胜任力的定义更加明显地表达出胜任力定义的前后不同而对其定义的深层次影响（是否达到目标还是仅仅作出贡献）。可以观察其 OB，团队认为 OB（5.1-5.5）是围绕“作出贡献” 而描述的可观察的行为，OB（5.5-5.11）是围绕“达到目标”而描述的可观察的行为，这个就是“领导力和团队合作”这项胜任力定义的前后部分与其相对应的可观察的行为（OB）的内在联系。培训机构可根据飞行学员短期实证调整训练模块、定向培训缺失的胜任力和缺失的可观察的行为（OB）。例如某位飞行学员正在接受整体航线运输驾驶员（飞机）整体训练课程大纲仪表等级阶段的训练，通过之前的 CET 大数据评估得出此飞行学员的“工作负荷管理”胜任力分值较低，那么培训机构就可以在大纲综合课中加入此飞行学员之前接受的飞行课或训练器课中需要“工作负荷管理”胜任力比重相对较大的训练场景模块（达到此训练场景中目标绩效的单或少通路的 OB 或对策划归于“工作负荷管理”胜任力的比重较大），从而通过训练场景、可观察的行为（OB）和对策来对受训飞行学员的欠缺胜任力进行针对性定向培训。亦可向用人单位提供整个培训周期的实证，便于用人单位合理安排不同飞行人员运行不同胜任力要求的执飞任务。例如某位飞行学员经过培训机构的全部训练，通过了所有执照实践考试，获得了在运输航司或者通航企业任职的人员资质要求。之后其培训机构根据整个培训周期内通过 CET 评估而得出的实证指出其“工作负荷管理”“问题的解决和决策”“领导力和团队合作”这 3 项胜任力的分值较低，但对于其获取相应执照和等级没有实质性的影响，并将此报告连同档案一起转交给此飞行学员的运输航司或者通航企业。那么根据国际航空运输协会最新文件 *Command Training* 中的相关概念，这 3 项胜任力属于

运输航空机长培训重点胜任力，所以此飞行学员的用人单位（运输航司或者通航企业）可以根据此项实证在改装以及之后副驾驶升级和晋升机长阶段着重培训和考察此 3 项胜任力，从而达到有的放矢的基于个人订制型全生命周期的胜任力评估链条。

运输航司或者通航企业可根据其需要完成的飞行任务制定其专属的基于运行数据的实证需求，便于在征招飞行人员时进行人事考核。我国地域广阔，地形复杂，全球大多数高原运行机场和航线都在我国西北部，例如四川航空和西藏航空，此类运输航空公司的执飞航线任务具有相当的特殊性。此类运输航司在挑选本航司的飞行人员时可以根据飞行任务的特殊性所要求的胜任力和可观察的行为（OB）的实证需求来对应聘的飞行人员进行考核。2020 年 6 月 2 日，川航“5·14”事故调查报告公布。这份长达 131 页的调查报告不仅披露了事故原因，还首次披露了事故全过程及“英雄机长”应对事故的更多细节。从风挡爆裂脱落至飞机落地，机长刘传健未佩戴氧气面罩。其暴露在座舱高度 10 000 ft 以上高空缺氧环境的时间为 19 min 54 s。若使用 CET 对“英雄机长”刘传健的全生命周期进行数据收集分析，抑或仅对此次“5·14”事故中机长刘传健进行 CET 评估，都可以得出相应的实证。而此实证中的胜任力和可观察的行为（OB）就可以作为四川航空本航司在之后飞行员入职考核中的专项内容来进行场景设置，从而甄别出具有执行航司特殊执飞航线胜任力的飞行人员。

2.2 具体用途及优越性

本部分首先介绍 CET 对于运输航空公司的意义与用途，其次是利用 CET 对飞行人员进行能力预测的功能介绍和对于 CCAR-141 部驾驶员学校使用 CET 的优越性介绍。

1）CET 对于运输航司的意义及用途

近年来从官方和非官方渠道得到航司反馈，新进飞行人员在改装培训中或者具体执飞飞行任务时，经常诟病“学员不会看航图”。 除了极少数的学员，绝大部分学员不存在阅读信息和符号的障碍。然而，学员什么时候，该看什么图，看图上的什么信息，信息需要如何进行加工，用什么方式将处理过的信息传递，如何确保传递出去的信息起到了期望的作用等，这一系列活动不仅仅是“看”这么简单。学员不是不会看图，而是缺乏针对高阶胜任力和进阶 OB 的训练。如果需要解决这个问题，航司可以从入职评估和机队培训两个方面去着手改进。

目前航司的人事入职评估主要是关注执照和近期经历等人员资质标准和学历要求来进行，结合目前中国机长数量井喷式增长（见图 4.2）以及此次“新冠”疫情对全球航空业的巨大打击，以后国内各大航司的飞行人员的入口标准肯定会水涨船高。除了飞行经历时间的基本要求，能力测试或面试等入职筛选方式将肯定会逐步实行。CET 可为能力测试或面试内容提供积极支撑，通过具体航司的执飞任务来制定个性化的胜任力和可观察的行为（OB）要求，通过这些基于航司运行数据的实证来制定入职能力测试或面试内容场景，从而选拔出符合航司运行需求的飞行人员。

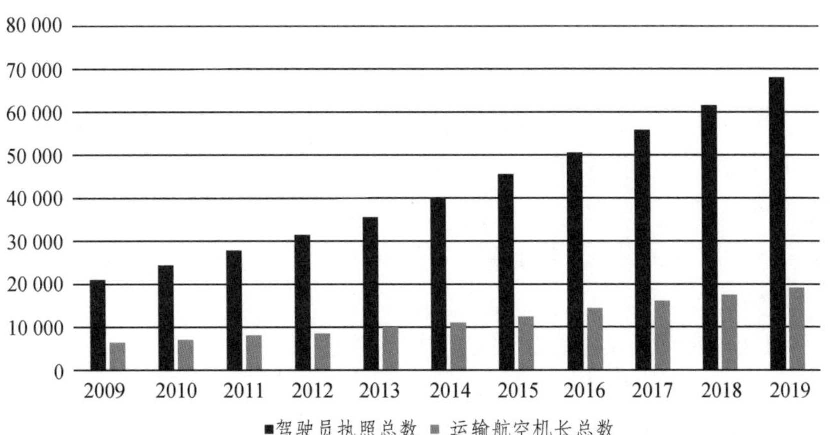

图 4.2 运输航空公司驾驶员与机长随年度的增长

目前国内 141 部航校高性能教练机飞行教员的运行资质管理是根据具体航线来逐个实施。也就是说飞行教员如想担任高性能教学大纲中某一飞行转场课的航线机长，那么该飞行教员就必须通过所有航线检查来取得运行资质。团队通过了解某航司的飞行人员运行资质管理，其本质上实际和前文 141 部航校的运行资质管理类似，通过特殊机场、高原机场、英语报话资质等运行限制来确定飞行人员的运行资质。如通过 CET 来进行任务分析，就可以得出运输航空某条执飞航线所需要的胜任力和可观察的行为（OB）实证，也可以找出需要相同或类似目标绩效的一类航线执飞任务，再通过上述方法得出的实证制作培训或检查场景来对飞行人员进行培训和筛查，就可以确定出具备执飞此类航班任务所需胜任力和可观察的行为（OB）的飞行人员。

2）飞行人员能力预测

当前国内知名飞行培训院校或机构的初始飞行学员筛选机制基本上都立足于技术技能的考察。如前文所述，以飞行参数容差为准则，“一刀切”评价飞行员的技术和非技术胜任力，是一种以运动技能为主导的评估方法。飞行时间 13 h 的“筛选检查”可以认为就是基于以上内容的一种事关飞行学员停飞与否的决定性评估。虽然随着行业的发展和时代的进步，“筛选检查”中也纳入了很多其他飞行科目，但是以是否能安全“落地”的决定性指标依然占据着评估的主导地位。其实，初始飞行学员筛选机制的意义在于短期内精准判断一个飞行学员是否能够在当前的行业背景下胜任一名合格飞行人员的飞行任务。笔者认为能力预测的主体除了 9 项胜任力预测之外，还应该有作风预测。《中飞院飞行人员胜任力训练数据分析报告》中指出“按照技术、非技术胜任力的划分，作风主要与非技术胜任力相关；按照高级、桥梁、基础胜任力划分，作风主要与高级胜任力相关。”所以不论是评估初始飞行学员的飞行胜任力抑或是飞行员所需要的作风，都可以借助 CET 而达到相关需求。因此，相比于目前类似“筛选检查”的以运动技能为主导的评估方法，以 CET 为基础的能力（胜任力和作风）预测不仅能在更短时间内判断飞行学员是否适合行业知识与技能的发展需求，而且还可以从作风方面测试出飞行学员的态度层次。甚至，在经过 CET 的短期和长期评估后，培训院校或机构可以给用人单位

（例如航司）出具一个飞行人员的职业规划和升级预期。在该职业规划中根据飞行人员的短期和长期的评估结果，找出其胜任力成长规律，并可预估出其胜任力的成长周期和胜任力成长瓶颈，由此数据可得出该飞行人员的职业规划和升级预期。通过大量飞行人员的全生命周期跟踪和分析，还可以在飞行人员的职业规划和升级预期中加入其胜任力成长模板，供用人单位参考。

当然，这一切“上层建筑”的基础还是来源于胜任力及可观察的行为（OB）的数据收集及分析评估。

3）CCAR-141 部驾驶员学校使用 CET 的优越性

中国民用航空局飞行标准司 2017 年 7 月 19 日下发的咨询通告《驾驶员学校质量管理体系和安全管理体系指南》中指出“驾驶员学校应明确对训练过程实施监督、分析和评估的时间节点、内容、评价准则，并保留相应的记录。学校应根据训练过程的监督和评估结果，及时发现影响训练质量的内、外部因素，确定和选择改进措施，以提高飞行训练质量。”按照上述咨询通告的要求，目前国内 CCAR-141 部驾驶员学校（以下简称“学校”）的评估节点一般是整体大纲中或分体大纲中各执照课程的中间和结尾的阶段检查，评估内容同样也是基于科目，评价准则一般为实践考试标准。又见民航发【2019】39 号文《关于全面深化运输航空公司飞行训练改革的指导意见》，文件指出牢固树立“基于核心胜任能力实施飞行训练”的新时代训练思想。所以，根据以上民航局质量管控以及训练思想的最新要求，利用胜任力评估工具（CET）对学校的飞行训练质量进行管理和控制势在必行。

CET 在培训质量的管控方面拥有几大优势，分别是评估时间节点灵活、评估内容个性化定制、评价标准统一、评估过程自动化、区分教学训练质量的高低效果显著。接下来，就这几大优势逐个进行解释。

当前学校的评估节点在前文已经有所表述，主要是在执照课程的中间和结尾开展检查并评估。CET 的评估节点之所以灵活，其原因在于可在系统软件（例如飞行训练管理系统）中设置胜任力阈值和评估周期，通过飞行学员每次训练后的数据收集（训练场景下的 OB），系统软件后台自动计算其相应胜任力分值，一旦飞行学员的飞行时间达到了评估周期且其胜任力评分触发了自主定义的胜任力阈值，软件系统自动告警，学校可根据不同飞行学员运行数据中的实证开展质量管控。

CET 的评估内容之所以能够个性化定制，其原因在于每个飞行学员的胜任力成长规律不一样，胜任力成长轨迹也就不同，限制其他胜任力发展的高级胜任力不一样，那么每个飞行学员的评估内容自然必须个性化定制。这些内容也是该飞行人员的职业规划和升级预期的重要支撑数据。

CET 的评估过程之所以能够自动化，其原因在于系统软件（例如飞行训练管理系统）中已设置胜任力阈值和评估周期，系统软件后台依据训练场景中各“实施细则”的打分数值，根据大纲编写者在“实施细则”中为达到此训练场景中目标绩效的单或少通路的

OB 或对策划归于相应胜任力的设计思路自动计算其相应胜任力分值，一旦飞行学员的飞行时间达到了评估周期且其胜任力评分触发了自主定义的胜任力阈值，软件系统自动告警。

CET 的评价标准统一的原因是由于训练场景的固定，从而导致飞行学员能展现目标绩效的通路限定且确定，这些都保证了评价标准统一且不易受评估人员的个人影响。例如起落航线的教学，如果该教学目标为“完成起落航线”，则学员有多种通路可以完成绩效考核（使用 GPS、使用 ILS/DME 或 VOR 等）。正确的绩效目标应当是“运用飞机姿态、速度、推力的关联，使用视觉信息手动控制飞机完成起落航线”。

目前 141 部学校不同教员的教学训练质量差异性不大，这与评估标准和评估体制有极大的关系。CET 的评估方式可以容易且清晰地观察出飞行学员在一段训练时间后的 OB 增量和胜任力增量。通过以上飞行学员 OB 和胜任力增量的对比可以体现出其带飞教员的教学训练质量，相对于以飞行参数容差为准则，“一刀切”的评价飞行学员的技术和非技术胜任力以及是否可以通过相应执照考试的结果导向来评价其带飞教员的教学训练质量更具科学性和说服力。

通过对飞行学员的 CET 评估实证得出飞行学员在一段训练时间后的 OB 增量和胜任力增量，虽然可以区分出其带飞教员的教学训练质量的高低，但是如何量化飞行教员的教学培训质量指标，之后从哪些方面如何提高飞行教员和检查/考试员的教学能力却成为了新问题。

根据国际航空运输协会最新文件 *Command Training* 中对于飞行教员和检查/考试员的胜任力框架描述，飞行教员和检查/考试员的 5 项胜任力分为飞行员核心胜任力（9 项）、教学环境管理、教学过程、与学员的互动、评估与评价。

中国民用航空飞行学院的 9 字经“帮思想、教技术、带作风”，这 9 个字的培训箴言其实是对以上飞行教员和检查/考试员的 5 项胜任力的高度概括，而 CET 就可以将“9 字经”与飞行教员和检查/考试员的 5 项胜任力“落地”，成为真正能够使用的区分与提高教学训练质量的基于胜任力评估工具。

附件 1　基于胜任力的课程设计思路及培训方法简介

（1）如何在大纲中设计每堂模拟机课的模拟场景及模拟机课顺序，应该依据场景设计者需要受训人员在此课中展现什么可观察的行为（OB），根据这个需求来设计模拟场景与每堂模拟机课的顺序。

（2）初始培训的可观察的行为（OB）应该是初级的胜任力中的初级可观察的行为（OB），阶段检查或实践考试就可以考察胜任力中的高级可观察的行为（OB）。受训人员展现了高级的可观察的行为（OB）就表明其牢固掌握了相关的胜任力，就可以参加高级胜任力的培训。模拟机或训练器的逼真性严重影响高级胜任力的高级可观察的行为（OB）的培训效果。

（3）训练等效性：一堂整体大纲初级训练飞行课，根据设计者需要其在这课展现的可观察的行为（OB），多为基础级别胜任力的低级可观察的行为（OB），以此来设置模拟场景与训练科目。其意义在于只要可观察的行为（OB）不变，模拟场景可以根据训练机场的训练资源来调整，甚至是训练科目，但是科目等效性也是需要进行验证的，科目等效性是训练等效性的一个部分。

（4）可观察的行为（OB）与初级训练中的表现指标可能是从属关系，也可能某一个表现指标对应着多个可观察的行为（OB），所以在设计大纲和课程时，应按照以上正文所述，课程评估和课程设计应该一体化，编写者也应该是评估者，从初级胜任力和初级可观察的行为（OB）中找出想在某阶段飞行学员应该发挥出来的表现指标，根据这个表现指标或者直接根据可观察的行为（OB）来设计训练场景和纳入场景中的飞行科目。

附件 2 "实施细则"与 OB 的对应示例

以下的评估示例详细揭示了"实施细则"与可观察的行为（OB）之间的关系。样本来源于本书第五部分"50 h 高性能多发飞机课程训练大纲"的 FFS04，按照以上"课程评估和课程设计应该一体化"的概念，选取这堂模拟机课作为举例的原因在于本部分的执笔者也是"50 h 高性能多发飞机课程训练大纲"的 FFS04 的编写者。

1. 飞行前准备

（1）机组从 NOTAM 中获取起飞机场执行减噪起飞的相关信息。还应注意目的地机场不同跑道的不同进近方式（非精密进近）。

情景意识和信息管理（7），OB 7.6 根据与威胁和差错相关的潜在风险，制定有效的应变计划。

知识的应用（0），OB 0.2 展现出具备公布操作指南需要的知识；OB 0.5 知道从何处获取信息。

程序的执行和遵守规章（1），OB 1.1 找到程序和规章的来源。

（2）机组查看起飞机场的机场细则，着重关注了减噪起飞程序的描述。

知识的应用（0），OB 0.5 知道从何处获取信息。

问题的解决和决策（6），OB 6.2 从合适的来源寻找准确充分的信息。

（3）机组利用所有可用的资源来对天气的整体评估，包括飞行各阶段对防除冰设备的使用，以及对绕飞天气的机组对策。

问题的解决和决策（6），OB 6.1 及时的识别，评估并管理威胁与差错；OB 6.8 在没有现存指南或程序的情况下进行调整以适应当时的状况。

知识的应用（0），OB 0.3 展现出关于自然环境、空中交通环境包含航路、天气、机场和运行基础设施的知识；OB 0.5 知道从何处获取信息。

情景意识和信息管理（7），OB 7.6 根据与威胁和差错相关的潜在风险，制定有效的应变计划。

2. 驾驶舱准备

（1）机组按标准程序完成驾驶舱准备，并按左右座分工执行检查单。

程序的执行和遵守规章（1），OB 1.2 及时应用相关的操作指南、程序和技术。

3. 申请放行

（1）机组抄收通波，机组对通波中描述的本场实施减噪起飞产生有效的沟通和同步的情景意识。

沟通（2），OB 2.4 确保沟通对象展现了对重要信息的理解；

OB 2.9 遵守标准的无线电通信术语和程序。

程序的执行和遵守规章（1），OB 1.2 及时应用相关的操作指南、程序和技术。

情景意识和信息管理（7），OB 7.3 监控和评估可能影响运行的总体环境；OB 7.6 根据与威胁和差错相关的潜在风险，制定有效的应变计划。

（2）核实燃油重量平衡以及性能数据。

程序的执行和遵守规章（1），OB 1.2 及时应用相关的操作指南、程序和技术。

情景意识和信息管理（7），OB 7.1 监控和评估飞机及其系统的状态。

4. 发动机启动及启动后

机组按标准程序完成发动机启动及启动后准备，并按左右座分工执行检查单。

程序的执行和遵守规章（1），OB 1.2 及时应用相关的操作指南、程序和技术。

5. FMS 飞行计划输入/起飞简令

机组设置 FMS 计划，按航图交叉检查计划准确性，完成完整有效的起飞简述。

情景意识和信息管理（7），OB 7.1 监控和评估飞机及其系统的状态；OB 7.6 根据与威胁和差错相关的潜在风险，制定有效的应变计划。

工作负荷管理（8），OB 8.1 在所有情况下都进行自我控制；OB 8.2 高效的计划、优先、排序适合的任务。

程序的执行和遵守规章（1），OB 1.3 遵守 SOP，除非因安全原因需要适当的偏离。

沟通（2），OB 2.1 确保沟通对象准备好并能够接受信息；OB 2.4 确保沟通对象展现了对重要信息的理解。

6. 滑　行

（1）滑行阶段机组分工明确，如对滑行路线产生疑问及时停止滑行并询问 ATC。

飞行轨迹管理——手动飞行（4），OB 4.1 在符合当时条件的情况下运用手动准确、柔和地控制飞机。

工作负荷管理（8），OB 8.1 在所有情况下都进行自我控制；OB 8.6 当需要时寻求和接受协助；OB 8.7 对行动认真地监控、检查和交叉检查。OB 8.9 执行任务时能够对打断、干扰、变化和错误进行有效的管理并从中恢复。

情景意识和信息管理（7），OB 7.2 监控和评估飞机的能量状态以及期望的飞行轨迹。

程序的执行和遵守规章（1），OB 1.1 找到程序和规章的来源。

沟通（2），OB 2.9 遵守标准的无线电通信术语和程序。

（2）对于滑行阶段是否使用防冰机组有相应考虑。

情景意识和信息管理（7），OB 7.3 监控和评估可能影响运行的总体环境。

程序的执行和遵守规章（1），OB 1.1 找到程序和规章的来源；OB 1.2 及时应用相关的操作指南、程序和技术。

知识的应用（0），OB 0.3 展现出关于自然环境、空中交通环境包含航路、天气、机场和运行基础设施的知识。

问题的解决和决策（6），OB 6.1 及时的识别，评估并管理威胁与差错。

（3）如存在滑行过程中变换起飞跑道、离场方式的指令，机组分工明确，存在有效交流，作出有利于安全的机组决断，同时按照标准程序完成相关操作。

程序的执行和遵守规章（1），OB 1.2 及时应用相关的操作指南、程序和技术；OB 1.3 遵守 SOP，除非因安全原因需要适当的偏离。

沟通（2），OB 2.1 确保沟通对象准备好并能够接受信息；OB 2.4 确保沟通对象展现了对重要信息的理解。

工作负荷管理（8），OB 8.5 委派任务；OB 8.7 对行动认真地监控、检查和交叉检查。

（4）机组向 ATC 申请进入跑道时，要明确无误地得到 ATC 的进跑道许可，并且在 PF、PM 都证实五边清洁之后，PF 方可操纵飞机进入跑道。

沟通（2），OB 2.9 遵守标准的无线电通信术语和程序。

情景意识信息管理（7），OB 7.3 监控和评估可能影响运行的总体环境。

7. 减噪起飞

（1）机组按照标准操作程序及分工完成减噪起飞。

程序的执行和遵守规章（1），OB 1.3 遵守 SOP，除非因安全原因需要适当的偏离。

飞行轨迹管理——手动飞行（4），OB 4.1 在符合当时条件的情况下运用手动准确、柔和地控制飞机。

飞行轨迹管理——自动飞行（3），OB 3.6 有效监控自动化，包括自动化的接通和模式的转换。

工作负荷管理（8），OB 8.5 委派任务

（2）PF 控制飞机，PM 与 ATC 保持联系完成报话，完成检查单。

沟通（2），OB 2.1 确保沟通对象准备好并能够接受信息；OB 2.2 选择恰当的主题、时机、方式及对象进行沟通；OB 2.3 传递的信息清楚、准确、简洁明了；OB 2.4 确保沟通对象展现了对重要信息的理解；OB 2.9 遵守标准的无线电通信术语和程序。

程序的执行和遵守规章（1），OB 1.2 及时应用相关的操作指南、程序和技术。

（3）起飞后由于温度、湿度及云层高度考虑使用防除冰设备。

情景意识信息管理（7），OB 7.3 监控和评估可能影响运行的总体环境；OB 7.6 根

据与威胁和差错相关的潜在风险，制定有效的应变计划。

问题的解决和决策（6），OB 6.1 及时的识别，评估并管理威胁与差错。

知识的应用（0），OB 0.3 展现出关于自然环境、空中交通环境包含航路、天气、机场和运行基础设施的知识。

8. 离场爬升

（1）执行 SID，按标准程序完成离场。

程序的执行和遵守规章（1），OB 1.2 及时应用相关的操作指南、程序和技术。

（2）正确使用远程导航模式。

飞行轨迹管理——自动飞行（3），OB 3.5 根据不同飞行阶段和工作负荷，及时恰当的选择自动化等级和模式。

9. 巡 航

（1）及时发现绕飞天气的存在，制定绕飞计划。

问题的解决和决策（6），OB 6.1 及时的识别，评估并管理威胁与差错。

工作负荷管理（8），OB 8.3 执行任务时有效的管理时间。

（2）对于高空运行机动的考虑，包括自动飞行模式的选择和手动飞行高空机动的特点。

飞行轨迹管理——自动飞行（3），OB 3.3 安全的管理飞行轨迹以获得最佳运行性能；OB 3.6 有效监控自动化，包括自动化的接通和模式的转换。

飞行轨迹管理——手动飞行（4），OB 4.4 安全的管理飞行轨迹以获得最佳运行性能。

知识的应用（0），OB 0.1 展现出对于限制和系统以及它们之间相互影响的实用的、恰当的知识；OB 0.7 能够高效地对知识进行应用。

（3）机组对于积冰对飞行安全的全面评估以及对应决策。

领导力和团队合作（5），OB 5.1 鼓励团队合作和开放的沟通方式。

情景意识信息管理（7），OB 7.6 根据与威胁和差错相关的潜在风险，制定有效的应变计划；OB 7.7 对情景意识降低的迹象作出反应。

问题的解决和决策（6），OB 6.1 及时的识别，评估并管理威胁与差错；OB 6.2 从合适的来源寻找准确充分的信息；OB 6.9 面临意外事件时展现韧性。

知识的应用（0），OB 0.1 展现出对于限制和系统以及它们之间相互影响的实用的、恰当的知识；OB 0.5 知道从何处获取信息；OB 0.7 能够高效地对知识进行应用。

（4）机组对于飞机能量的评估。

知识的应用（0），OB 0.1 展现出对于限制和系统以及它们之间相互影响的实用的、恰当的知识；OB 0.2 展现出具备公布操作指南需要的知识；OB 0.5 知道从何处获取信息；OB 0.7 能够高效地对知识进行应用。

情景意识和信息管理（7），OB 7.1 监控和评估飞机及其系统的状态；OB 7.2 监控和评估飞机的能量状态以及期望的飞行轨迹。

（5）如适用，机组复杂状态改出的演示。

飞行轨迹管理——自动飞行（3），OB 3.2 监控并发现与期望飞机轨迹之间的偏差，采取恰当的行动；OB 3.3 安全的管理飞行轨迹以获得最佳运行性能；OB 3.6 有效监控自动化，包括自动化的接通和模式的转换。

飞行轨迹管理——手动飞行（4），OB 4.4 安全的管理飞行轨迹以获得最佳运行性能。

知识的应用（0），OB 0.7 能够高效地对知识进行应用。

情景意识和信息管理（7），OB 7.1 监控和评估飞机及其系统的状态。OB 7.2 监控和评估飞机的能量状态以及期望的飞行轨迹。

10. 下降准备和下降

（1）飞机开始下降后，机组根据温度湿度灵活使用防除冰设备。

问题的解决和决策（6），OB 6.1 及时的识别，评估并管理威胁与差错。

程序的执行和遵守规章（1），OB 1.1 找到程序和规章的来源。OB 1.2 及时应用相关的操作指南、程序和技术。

情景意识和信息管理（7），OB 7.3 监控和评估可能影响运行的总体环境。

知识的应用（0），OB 0.3 展现出关于自然环境、空中交通环境包含航路、天气、机场和运行基础设施的知识。

（2）机组设置 FMS 计划，按航图交叉检查计划准确性，完成完整有效的进近简述。

情景意识和信息管理（7），OB 7.1 监控和评估飞机及其系统的状态；OB 7.6 根据与威胁和差错相关的潜在风险，制定有效的应变计划。

工作负荷管理（8），OB 8.1 在所有情况下都进行自我控制；OB 8.2 高效的计划、优先、排序适合的任务。

程序的执行和遵守规章（1），OB 1.3 遵守 SOP，除非因安全原因需要适当的偏离。

沟通（2），OB 2.1 确保沟通对象准备好并能够接受信息；OB 2.4 确保沟通对象展现了对重要信息的理解。

（3）准备过程严格完整。机组充分展现多人制机组协同，PF 和 PM 需按程序分别准备，飞机操纵的交接需有条不紊。

程序的执行和遵守规章（1），OB 1.2 及时应用相关的操作指南、程序和技术。

沟通（2），OB 2.4 确保沟通对象展现了对重要信息的理解。OB 2.5 积极倾听，在接收信息时表示理解。

情景意识和信息管理（7），OB 7.1 监控和评估飞机及其系统的状态；OB 7.3 监控和评估可能影响运行的总体环境。

领导力和团队合作（5），OB 5.1 鼓励团队合作和开放的沟通方式；OB 5.3 让他人参与计划的制定。

工作负荷管理（8），OB 8.3 执行任务时有效的管理时间；OB 8.7 对行动认真地监控、检查和交叉检查。

11. 进　场

（1）机组不要做仓促的进近，必要时申请加入等待程序。ATC 向机组通报 1 h 前有少量航班因低空风切变备降，机组关于备降存在有效商讨，之后机组决定实施 VOR 进近。

知识的应用（0），OB 0.3 展现出关于自然环境、空中交通环境包含航路、天气、机场和运行基础设施的知识。

问题的解决和决策（6），OB 6.1 及时的识别，评估并管理威胁与差错；OB 6.2 从合适的来源寻找准确充分的信息；OB 6.3 适当时，识别并证实出现了什么问题以及原因；OB 6.4 锲而不舍地解决的问题并坚持安全第一；OB 6.8 在没有现存指南或程序的情况下进行调整以适应当时的状况；OB 6.9 面临意外事件时展现韧性。

情景意识和信息管理（7），OB 7.1 监控和评估飞机及其系统的状态；OB 7.2 监控和评估飞机的能量状态以及期望的飞行轨迹；OB 7.3 监控和评估可能影响运行的总体环境；OB 7.4 证实信息的准确性并检查重大错误。

工作负荷管理（8），OB 8.1 在所有情况下都进行自我控制；OB 8.2 高效的计划、优先、排序适合的任务；OB 8.3 执行任务时有效的管理时间；OB 8.6 当需要时寻求和接受协助。

（2）机组执行雷达引导进场，在合适时机使用航向选择导航完成进场。

飞行轨迹管理——自动飞行（4），OB 4.7 有效监控飞行指引系统，包括接通和自动模式的转换。

程序的执行和遵守规章（1），OB 1.1 找到程序和规章的来源；OB 1.2 及时应用相关的操作指南、程序和技术；OB 1.3 遵守 SOP，除非因安全原因需要适当的偏离；OB 1.4 正确的操作飞机系统和相关设备。

12. VOR 进近/ILS 进近

（1）进近过程中使用标准喊话。

程序的执行和遵守规章（1），OB 1.2 及时应用相关的操作指南、程序和技术。

沟通（2），OB 2.1 确保沟通对象准备好并能够接受信息；OB 2.2 选择恰当的主题、时机、方式及对象进行沟通；OB 2.3 传递的信息清楚、准确、简洁明了；OB 2.4 确保沟通对象展现了对重要信息的理解；OB 2.5 积极倾听，在接收信息时表示理解。

情景意识和信息管理（7），OB 7.2 监控和评估飞机的能量状态以及期望的飞行轨迹。

工作负荷管理（8），OB 8.1 在所有情况下都进行自我控制；OB 8.7 对行动认真地监控、检查和交叉检查。

（2）按照标准程序执行进近。

程序的执行和遵守规章（1），OB 1.3 遵守 SOP，除非因安全原因需要适当的偏离。

13. 复　飞

（1）机组在短五边 TERRAIN 警告响起时，执行复飞程序。

知识的应用（0），OB 0.2 展现出具备公布操作指南需要的知识。

问题的解决和决策（6），OB 6.3 适当时，识别并证实出现了什么问题以及原因。

情景意识和信息管理（7），OB 7.1 监控和评估飞机及其系统的状态；OB 7.2 监控和评估飞机的能量状态以及期望的飞行轨迹；OB 7.3 监控和评估可能影响运行的总体环境；OB 7.4 证实信息的准确性并检查重大错误。

工作负荷管理（8），OB 8.1 在所有情况下都进行自我控制。

程序的执行和遵守规章（1），OB 1.2 及时应用相关的操作指南、程序和技术；OB 1.3 遵守 SOP，除非因安全原因需要适当的偏离；OB 1.4 正确的操作飞机系统和相关设备。

（2）之后机组判断是由于地形警告数据库的原因，决定再次进近。

知识的应用（0），OB 0.3 展现出关于自然环境、空中交通环境包含航路、天气、机场和运行基础设施的知识。

问题的解决和决策（6），OB 6.1 及时的识别，评估并管理威胁与差错；OB 6.2 从合适的来源寻找准确充分的信息；OB 6.3 适当时，识别并证实出现了什么问题以及原因；OB 6.6 采取恰当及时的决策技巧；OB 6.7 必要时监控、检查并调整决策。

情景意识和信息管理（7），OB 7.1 监控和评估飞机及其系统的状态；OB 7.2 监控和评估飞机的能量状态以及期望的飞行轨迹；OB 7.3 监控和评估可能影响运行的总体环境；OB 7.6 根据与威胁和差错相关的潜在风险，制定有效的应变计划。

工作负荷管理（8），OB 8.1 在所有情况下都进行自我控制；OB 8.2 高效的计划、优先、排序适合的任务；OB 8.3 执行任务时有效的管理时间；OB 8.9 执行任务时能够对打断、干扰、变化和错误进行有效的管理并从中恢复。

程序的执行和遵守规章（1），OB 1.1 找到程序和规章的来源；OB 1.3 遵守 SOP，除非因安全原因需要适当的偏离。

沟通（2），OB 2.1 确保沟通对象准备好并能够接受信息；OB 2.2 选择恰当的主题、时机、方式及对象进行沟通；OB 2.3 传递的信息清楚、准确、简洁明了；OB 2.4 确保沟通对象展现了对重要信息的理解；OB 2.5 积极倾听，在接收信息时表示理解。

14. 着　陆

（1）机组对于着陆许可的证实。

沟通（2），OB 2.9 遵守标准的无线电通信术语和程序。

知识的应用（0），OB 0.3 展现出关于自然环境、空中交通环境包含航路、天气、机场和运行基础设施的知识。

（2）在符合要求的位置以正常着陆数据接地。

飞行轨迹管理——手动飞行（4），OB 4.1 在符合当时条件的情况下运用手动准确、柔和的控制飞机。

情景意识和信息管理（7），OB 7.2 监控和评估飞机的能量状态以及期望的飞行轨迹。

（3）着陆滑跑在规定时间（50 s）内脱离跑道，并且机组始终保持对跑道上的飞机位置保持情景意识。

知识的应用（0），OB 0.7 能够高效地对知识进行应用。

飞行轨迹管理——手动飞行（4），OB 4.1 在符合当时条件的情况下运用手动准确、柔和的控制飞机。

情情景意识和信息管理（7），OB 7.2 监控和评估飞机的能量状态以及期望的飞行轨迹。

工作负荷管理（8），OB 8.3 执行任务时有效的管理时间。

15. 着陆后

（1）滑行阶段机组分工明确，如对滑行路线产生疑问及时停止滑行并询问 ATC。

飞行轨迹管理——手动飞行（4），OB 4.1 在符合当时条件的情况下运用手动准确、柔和的控制飞机。

工作负荷管理（8），OB 8.1 在所有情况下都进行自我控制；OB 8.6 当需要时寻求和接受协助；OB 8.7 对行动认真地监控、检查和交叉检查；OB 8.9 执行任务时能够对打断、干扰、变化和错误进行有效的管理并从中恢复。

情景意识和信息管理（7），OB 7.2 监控和评估飞机的能量状态以及期望的飞行轨迹。

程序的执行和遵守规章（1），OB 1.1 找到程序和规章的来源。

沟通（2），OB 2.9 遵守标准的无线电通信术语和程序。

（2）机组对于飞行后保障的考虑，包括加油、情报与 ATC 的沟通。

情景意识和信息管理（7），OB 7.1 监控和评估飞机及其系统的状态；OB 7.2 监控和评估飞机的能量状态以及期望的飞行轨迹；OB 7.3 监控和评估可能影响运行的总体环境；OB 7.4 证实信息的准确性并检查重大错误。

沟通（2），OB 2.1 确保沟通对象准备好并能够接受信息；OB 2.2 选择恰当的主题、时机、方式及对象进行沟通；OB 2.3 专递的信息清楚、准确、简洁明；OB 2.4 确保沟通对象展现了对重要信息的理解；OB 2.5 积极倾听，在接收信息时表示理解；OB 2.6 提出切题有效的询问。

知识的应用（0），OB 0.3 展现出关于自然环境、空中交通环境包含航路、天气、机场和运行基础设施的知识。

示例：符合基于胜任力训练理念的课程节选——50 h 高性能多发飞机课程训练大纲（Rev 2020.04）

1 新版大纲的相关改进
2 教员和学员必读
3 训练目的
4 课程结构
5 大纲执行过程中相关问题的解释
6 进入条件
7 课程声明
8 地面课训练提纲
9 飞行训练提纲
附件 1 CE-525 等效故障清单
附件 2 等效进近方法
附件 3 高性能飞行考试容许误差
附件 4 高性能飞机训练考试工作单
附件 5 地面课程清单
附件 6 复杂状态改出训练

1 新版大纲的相关改进

（1）使用“基于胜任力训练”的理念，设置了合理的模拟机训练场景。配合将要出现的训练事件，为学员提供了天气信息、NOTAMs、MEL 等直接准备资料，锻炼学员练习使用“威胁与差错管理模型”提升训练时的表现。另一方面，实施大纲的飞行教员均使用威胁与差错管理模型进行引导式讲评和教学，协助学员调动自身胜任力分析问题、解决问题。

（2）对地面课程进行了调整，将其分为通用基础理论、特定机型理论、程序与运行 3 部分。通用基础理论部分是指学员按照“飞行技术专业本科人才培养方案”要求完成的理论学习；特定机型理论部分是指学员取得多发飞机等级和仪表等级的商用驾驶员执照之后接受的理论学习；程序与运行部分是指学员开始飞行训练前，接受由飞行教员提供的理论知识教学。

（3）优化大纲训练科目分布。在符合规章及咨询通告要求的前提下，以教学的规律为指导，调整了模拟机训练课程难度，让大纲由易到难的过渡更加自然，避免学员因课程难度大造成学习障碍和高应激水平。

（4）运用 ICAO Doc9995 中故障的类同性、进近类别的类同性概念，对大纲中出现的部分故障和进近执行了合并，减少了科目的不必要重复，让调整后的大纲专注于高性能过渡训练的首要目标——训练符合 121 运输航空需求的飞行员：能够运用威胁与差错管理模型，安全、经济、高效地运行航空器。

（5）引入了复杂状态预防及改出的训练方法。事实证明仅依靠威胁管理、差错管理无法确保飞行安全，具备复杂状态改出技术的飞行员依然是挽救航空器的最后手段。新版大纲地面课和模拟机课程中不仅包含了高空（FL250 以上）空气动力学、飞机操纵特性、性能和包线飞行等以往大纲不包含的内容，而且在此基础上还提供了 3 个可选的 UPRT 模块，分别是复杂状态改出基础练习（本大纲已包含）、涡轮螺旋桨飞机复杂状态改出以及大型后掠翼运输飞机（100 座及以上）复杂状态预防和改出。

（6）为了便于教员实施大纲训练，新版大纲修改了之前实用性不强、不便于操作的内容，还特别制定了供教员参考的“实施细则”。

（7）中飞院将使用“胜任力评估工具（CET）”对所有高性能学员进行评估。评估数据可以为航空公司提供学员基础胜任力数据，帮助学院提升训练质量。另一方面，该数据还将作为“飞行员技术全生命周期”管理的必要文件存档备查。

2 教员和学员必读

2.1 基于胜任力训练

1. 9 项胜任力在大纲中的训练

为了符合基于胜任力训练要求，大纲中的场景、事件在设计上的首要考虑是激励学员使用多项胜任力的组合来完成预设的任务。

从训练实践来看，9 项胜任力的相互联系紧密，对飞行员的表现有直接影响。因此，单独训练某项胜任力，或者使用单一科目对胜任力进行评价是片面的。所以，本训练大纲没有设置针对单一胜任力的评判标准，而是使用 CET 交叉比对学员的科目评价，最终确定学员 9 项胜任力的评分。

为了便于教员操作，本大纲使用了故障的类同性、进近类别的类同性，合并和优化训练科目。此外，教员可利用这些类同性对不同学员设置不同科目，进一步丰富训练场景，取得个性化的训练效果。

2. 抗挫能力和韧性的训练

传统课程设计，科目不达标将造成学员的重新训练或考试不通过，当时的飞行场景将不再继续（学员离席或教员接管）。然而，现实生活中的飞行不会因为飞行员的表现不合格而“中断”，即便在那样的情况之下，飞行员仍需要尽最大努力挽回运行所需的安全裕度。这种抗挫能力或者韧性，是运输航空飞行员必须具备的品质。

为了培养这种韧性，需要让学员明白，即使犯错或表现不佳，信息流和工作流仍不能中断。除非学员出现了明显危害安全的举动，训练应当继续进行。教员介入的时机不建议早于学员叠加差错或非预期航空器状态的出现。学员表现欠佳的科目，应当进入下一场飞行训练的科目列表。教员的飞行后讲评需结合学员自述，客观全面的分析学员当时的表现与可能导致的不利结果。

具体评估方法见“5　大纲执行过程中相关问题的解释”中“课程评估”。

2.2 故障的类同性

本大纲内的故障场景，目的之一是用于训练学员基本的不正常/应急处置能力、检查单使用和机组协同。目的之二，是训练学员能够对具备以下特征之一的故障引起警觉：

（1）处置程序内包含多重路径；

（2）多个系统的不工作或者降级；

（3）显著增加工作负荷；

（4）高犯错概率且错误难以被发现；

（5）增加了时间的紧迫性。

虽然上述故障的处置需要特别的训练和解决策略，但是，学员需要明白控制飞机永远是第一位的。

可以通过对照故障特征以及管理这些故障所需的基本机组绩效元素来确定类同的各组航空器系统故障。因此，管理一项故障所表现出来的熟练程度与管理同一组中的其他故障所表现出来的熟练程度是相等的。如表 5.1 所示，在考虑故障特征时，应该脱离任何环境或运行条件。

与机型相关的详细清单见附件 1。

表 5.1　故障特征与机组绩效

故障特征	所需机组绩效的描述	例　子
急迫性	需要机组立即和紧急做出干预或决策的系统故障	起火、烟雾、高空失压、起飞过程中发生故障、着陆过程刹车失效
复杂性	需要实施复杂程序的系统故障	多种液压系统故障、启用消除烟雾程序
航空器控制能力下降	导致飞行控制能力明显下降，并且伴有异常操纵特征的系统故障	飞行控制系统卡阻、自动驾驶仪控制能力降级
仪表设备失效	需要使用功能降级的显示器或其他对飞行航径进行监测和管理的显示器出现故障	主飞行航径信息不可靠、航空器空速不可靠
后果管理	需要对其后果进行全面管理（不考虑运行或环境方面的因素）的系统故障	燃料泄漏

2.3 进近类别的类同性

高性能训练将拓展学员所知的进近场景，因此教会学员使用所需熟练程度对各类进近分组非常重要。

相应的训练能增强学员在陌生场景中的运行能力，不再需要对其进行特定种类、特定机场的进近训练。

可通过对照以下元素来确定类同的各组进近类别。实施一种类型进近所表现出来的熟练程度与实施同组中其他进近类型所需的熟练程度是相等的。在确定进近类型的类同性时，应该考虑到以下参数：

（1）直线/目视修正/盘旋进近；

（2）自动化水平；
（3）精密/非精密进近；
（4）内部/外部制导；
（5）目视航段；
（6）特殊机场进近程序（如精密跑道监视器、RNP AR 等）；
（7）非标准下滑航径；
（8）低能见度运行。

需要注意的是，学员间的个体差异会导致获取和处理仪表信息速率不同，因此推荐的分类方法不一定适用于每个学员。

推荐的分类列表见附件 2。

2.4 高空高速运行特点和飞行包线

高性能训练提供了让学员体验高空高速飞行的机会。然而，除了身体感官上的不同，飞行性能上的巨大差异仍是不可忽略的教学要点。例如，学员在前期训练中几乎很难把飞机飞“超速”，也鲜有“实用升限”的运行体验。高性能训练将让学员明白，忽略“飞行包线”会让飞机极易出现超速、抖振等危害飞行安全的情形。

本大纲将引导学员把单纯的手动飞行、自动飞行，转化为“包线飞行”的能力。

2.5 能量状态和能量管理

飞行员控制飞机的飞行轨迹需要依靠 3 种能量。“能量状态”描述了飞机在任意时间点每种能量的可用程度。理解飞机能量状态的飞行员将知晓机动飞机的多种选择。飞行员可以管理的 3 种能量如下。

（1）动能：随空速增加而增加（只有动能可以产生气动力和机动能力）。
（2）势能：随高度增加而增加。
（3）化学能：来自油箱内的燃油。

在飞行中，飞行员通过 3 种能量的转换来维持飞机特定的能量状态，这就叫“能量管理”。

与前期训练的特点不同，高性能训练的高空高速环境让飞机拥有了更多的能量。例如学员前期训练中失速改出多在低空环境中练习，低势能状态让学员不得不尽早地增加油门来避免撞地。而在高空（FL250 及以上）环境下的失速改出，学员有了将大量势能转换为动能的可能，油门的控制重点将从减少高度损失转为控制过剩动能以及平衡飞机力矩。如图 5.1 所示。

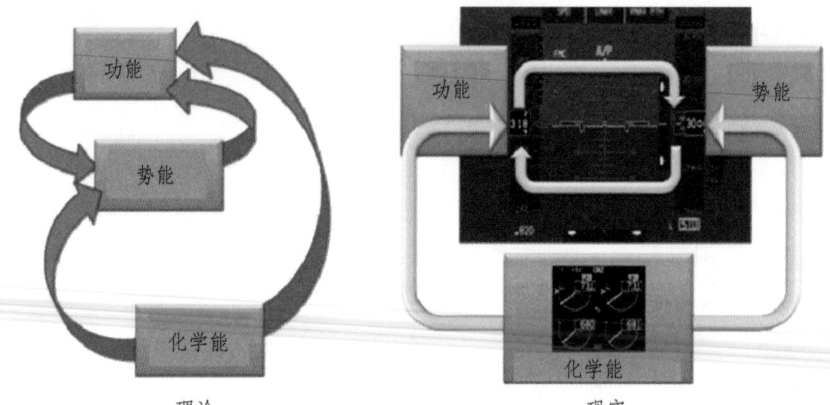

图 5.1　能量状态和能量管理

本大纲针对上述概念设计了多种场景和教学内容，以此帮助学员实践并掌握相应的知识和技能。

2.6 复杂状态改出

大纲内包含的复杂状态模块为可选训练项目，此项训练的意义和目的如下：

（1）形成“威胁管理”+“差错管理”+“复杂状态改出”的飞行员胜任力链条，让经过此训练的学员具备完全的安全保障能力；

（2）全面提升学员的“基本驾驶术”，杜绝学员直觉式、机械反应式的飞行操纵，训练其评估在前、输入在后的驾驶技术；

（3）整合理论与实践，让学员所学的飞行原理、性能、人的因素、气象等知识变成看得见摸得着的训练科目，是“基于胜任力训练”的直接体现。

3 个复杂状态改出训练模块见附件 6，执行相关训练参考“5　大纲执行过程中相关问题的解释”中“复杂状态改出训练模块的使用”。

2.7 在 20 h 大纲基础上新增内容的简介

经过本大纲的训练，学员将获取在最大起飞全重 136 000 kg（不含）以上的飞机上担任副驾驶的资格。运行这类重型机，除了必需的专业态度之外，还需要宽泛的知识和扎实的技能。因此本大纲的训练在“20 h 高性能多发飞机课程训练大纲”的基础上增加了以下内容：

（1）最佳运行条件与潜在不利因素。

运行重型机，往往追求最佳运行条件下的飞行。然而，在获得更好的经济性同时，机组也将受到诸多潜在不利因素的威胁。例如，最佳巡航高度、最佳推力设置、经济巡航速度和重心靠后的配载，会极大缩短机组对空速异常衰减的反应时间。一旦进入第二速度范围，推力限制和推力延迟也很难平衡快速上升的阻力，这极大增加了机组稳定飞机状态的难度。因此，经过大纲的训练，学员需要明白：最佳运行条件可能接近飞机性能边界，为了保证安全，积极的监控和威胁与差错管理的运用必不可少。

为了达成训练学员理解并掌握积极的监控和威胁与差错管理方法，本大纲设置了情景训练模块（FFS 05—FFS 11），以此丰富运行场景，让学员更好地学习相关运行限制和规章，强化学员机组协同意识，训练其处理多任务时管理好飞机状态的能力。

情景训练模块的训练重点是与 CRM 相关的非技术胜任力组合，对具体程序、飞行参数要求不高。实施方法见“5　大纲执行过程中相关问题的解释”中“情景训练模块（FFS 05—FFS 11）的实施”。

（2）进阶操作技术训练。

重型机更大的重量和复杂的设备，对飞行员的操作技术提出了更高要求。举例来说，某些情况下，大迎角、大推力会造成飞行员期望的“稳杆低头”操作无效，无法改出飞机的大迎角状态。此时，飞行员需要借助滚转让机头下俯，极端情况甚至需要借助操作方向舵方可下俯机头。这一系列的操作，需要飞行员具备良好的预判和精确的操作输入。

针对这一问题，本大纲特别设置了 1 h 的进阶操作练习（FFS 12），让学员充分练习重型机所需的操作技术要点。

3 训练目的

本课程是学院为了满足 AC-121-FS-2018-36R3《进入副驾驶训练人员的资格要求》而设置的高性能多发飞机训练课程，同时也可作为单独的高性能多发飞机训练课程使用。

课程目的是为学员在今后的大型机初始训练中能够在商用驾驶员执照培训所掌握的知识技能基础上，增加在多人制运行的组类Ⅱ飞机上所需要的基本知识技能和态度。

本课程适用于按 CCAR-121 运行的公共运输航空公司中，拟在最大起飞全重 136 000 kg（不含）以上的组类Ⅱ飞机上担任副驾驶的驾驶员过渡训练使用，其飞行训练和模拟机训练不能代替型别等级训练。

4 课程结构

本课程包含 3 个部分：地面课程、模拟机训练课程、飞机训练课。

<table>
<tr><th colspan="3">训练时间分布/h</th></tr>
<tr><td>地面课程</td><td>模拟机训练课程</td><td>飞机训练课程</td></tr>
<tr><td rowspan="2">通用基础理论＋特定机型理论
不少于规章要求的 129 h</td><td>FFS01-FFS04
共 8 h</td><td>转场飞行
FL1
共 5 h</td></tr>
<tr><td>空</td><td>综合课
FL2
共 5 h</td></tr>
<tr><td>程序与运行
（GL 01-GL 04）
共 14.5 h</td><td>考试
FFS05
共 2 h</td><td>空</td></tr>
</table>

4.1 地面课程

由于高性能多发飞机训练的学员不需要在该机型上取得型别等级，但又必须有相应的机型知识来完成飞行训练课程，为加强模拟机教学效果，并为实际飞行飞机奠定良好的知识基础，同时满足法规要求，所以特别设计了地面课程。

这些课程包括所飞机型的基本系统介绍、喷气飞机的空气动力性能、以机组为单位的 CRM 和 TEM、喷气飞机的下降准备和下降管理、非正常和应急情况的处理及处理原则、几种复杂天气情况下的飞行注意事项。这些知识多数与机型无关，适用于所有航线运行的喷气飞机。

执行地面课程时，教员使用 PPT 等多媒体教学手段参考给定的时间进行教学。学员在地面课之前应该收到地面课程相应的印刷资料，在进入模拟机飞行之前应使用所收到的资料进行相应的准备，特别是使用座舱图以机组的模式进行模拟的驾驶舱准备。

地面课程的学习可与模拟机训练课程穿插进行，但是必须满足相应课程的进入条件限制。

因为学员在前期理论学习中已经完成了部分规章要求的学时，因此大纲内的地面课程时间包括了学员已经获得的学时和进入本大纲训练的理论学习时间。

地面课程的部分教学可以使用 FTD 执行，详细地面课时间见附件 5。

4.2 模拟机训练课程

模拟机训练部分含 25 h 的全动模拟机课程，主要训练目的是掌握高性能飞机的基本飞行程序、操纵特征，完成高性能飞机在正常情况和复杂气象下的基本运行，以及对不正常和应急情况的处置。

模拟机训练包含飞行前讲评（1 h 30 min）、模拟机训练和飞行后讲评（30 min）。

飞行前讲评由飞行教员在讲评室按照课程讲评课件内容对两名学员进行飞行前讲评。

模拟机训练时间每课为 2 h。学员 1 在右座执行 PF 职责，学员 2 在左座执行 PNF 职责，2 h 后两名学生互换，学员 2 在右座执行 PF 职责，学员 1 在左座执行 PNF 职责。训练时间只记录学员的 PF 时间。

模拟机训练结束后进行飞行后讲评。

4.3 飞机训练课程

飞机训练包含飞行前讲评（1 h 30 min）、直接准备、飞行训练和飞行后讲评（30 min）。飞机训练课程原则上以转场飞行为主。

飞机训练课程的目的是让学员满足相应经历要求，建立初步的航线运行框架，体验真实的航线运行，检验地面课程、模拟机训练课程的训练效果。

学员需完成所有地面课程和模拟机训练课程之后才能开始飞机训练课程。

5 大纲执行过程中相关问题的解释

5.1 训练进程控制和科目安排

大纲列出的科目按照飞行进程排序。如果学员在某科目中没有展现足够的熟练度，该科目将在下次课程中再次出现，直到学员的表现令人满意。若在当前课程中学员已展示出足够的熟练度，则相关科目在接下来的训练中可依据故障的类同性、进近类别的类同性进行替换。

大纲时间为预估时间，并非强制要求。

若训练时间紧张，教员可以对学员未执行的训练科目进行口试，并注明口试通过（D）。

若训练时间充裕，教员可根据故障的类同性、进近类别的类同性，对学员上次训练中不满意的科目或结论为口试通过（D）的科目进行补充训练。

学员需完成所有要求的训练内容，未完成的需按阶段进行补充训练。

未能通过 FFS 13 的学员需要增加训练时间，直至其展示出令人满意的表现，以此确保他们达到所需的知识和技能要求。

5.2 课程评估

学员在训练中的表现，按等级可分为（1）熟练；（2）正常；（3）需要补充训练；（4）不满意；（D）口试通过。

熟练（1）——按照经批准实践考试标准的要求，学员可以很轻松熟练地演示要求的程序和机动科目；通常被描述为可以自信地展示出控制航空器的能力，游刃有余地完成规定的程序和机动科目。

正常（2）——学员在演示要求的程序和机动科目中，展现出了专业的、令人满意的水平，但是依然需要来自教员的提醒和帮助，仍有进步的空间。

接受补充训练后，表现合格的学员，也认为是正常水平。

需要补充训练（3）——对学员的表现不满意。

评估人员认为要补充训练，学员才能达到可接受的水平。

不满意（4）——学员表现出基础能力的缺陷，如缺乏知识、技能，不能完成程序或机动科目。

评估人员认为学员的表现可能危害飞行安全，应向主任教员或者助理主任教员报告。

口试通过（D）——学员对训练中某些未实施的知识（例如程序、飞机系统等），展现出令人满意的水平。

学员达到正常（2）即视为通过。

5.3 复杂状态改出训练模块的使用

本大纲包含三个复杂状态改出训练模块："复杂状态改出基础练习""涡轮螺旋桨飞机复杂状态改出"以及"大型后掠翼运输飞机（100 座及以上）复杂状态预防和改出"。

"复杂状态改出基础练习"（1 h）模块的训练目的是加强学员的基本驾驶术，把学员正常包线内的操纵能力，拓展为全包线操纵能力。

"涡轮螺旋桨飞机复杂状态改出"（1 h）模块主要针对 MA600 等涡桨飞机的复杂状态改出技术练习，重点强调了螺旋桨效应、动力增升等影响涡桨飞机操纵特性的要点。此外，此模块的练习还能提升 MA600 机型飞行训练的安全性。

"大型后掠翼运输飞机（100 座及以上）复杂状态预防和改出"（1 h）模块以 A320 机型为载体，着重强化学员参与组类Ⅱ飞机运行需掌握的复杂状态改出技术。此模块特别增加了复杂状态改出的模拟情景训练，以此强调积极监控飞机的重要性，帮助学员理解和掌握"情景评估 + 抑制偏差 + 改出 + 改出后评估"这一技术要点。

3 个模块为可选训练项目，并非规章强制训练内容。因此，公司或学员可根据个人需要选择是否接受相应训练。

若时间允许，建议教员在执行本大纲训练的过程中适当加入复杂状态改出练习。教员可参考附件 6 训练内容，与大纲训练场景进行合并：例如在学员执行 MA600 机型复飞练习时，教员可让学员体验在最大可用功率下，飞机低于 AFM 公布失速速度而不触发失速警告，并强调此时任何的功率变化都将导致飞机失速；CE-525 机型训练中，教员可以将复杂状态改出、结冰、紧急下降等科目进行关联，丰富课程原本的训练场景。

注：由于 50 h 大纲以学习重型机运行为目标，对飞行员操作技术有更高要求，因此将"复杂状态改出基础练习"（1 h）模块纳入本大纲的正式课程内容——进阶操作练习（FFS 12）。

5.4 情景训练模块（FFS 05-FFS 11）的实施

情景训练模块的形式为 LOFT，其目的是模拟航线运行条件下的运行。模块内出现的事件包括更换滑行路线、更换进离场程序和跑道、特情处置、返场和备降等。

这样做的目的，是锻炼作为重型机机组成员必备的复杂任务处理能力和高效的机组协同，因此具体的飞行参数和处置程序并非本模块的训练重点。

如果学员在本模块的训练中展现了令人满意的非技术胜任力（CRM），运用威胁与差错管理手段对飞行进程进行了主动管理，教员便可撤销故障，或扮演 ATC 或其他角色为机组提供协助来降低训练难度，确保场景的继续推进。

如果学员出现了不满意的表现，教员可在后续场景中再次对相关内容进行考核。若学员在 FFS 11 的训练中仍不能达到要求，则需要进行 LOFT 补充训练。

6 进入条件

（1）进入高性能多发飞机训练的驾驶员，应持有带有多发飞机等级和仪表等级的商用驾驶员执照。

（2）地面课的训练不受上一条限制，可以提前进入。

7 课程声明

按照 AC-141-2017-FS-02R2《高性能多发飞机训练要求》，本高性能多发飞机训练课程包含

（1）至少 25 h 在高性能多发飞机或同型号飞行模拟机上作为 PF 按本通告飞行训练要求完成的飞行技能训练。另外，还应包括 25 h 作为 PNF，以完成多机组成员协作课程为目的的飞行训练。

（2）至少 25 h 在高性能多发飞机上完成，包括 15 h 转场飞行训练，其中作为 PF 至少 6 次全停着陆。

（3）至少 20 次作为 PF 实施仪表进近直至着陆。

本训练课程中所要求的模拟机训练课可以在飞机上实施，但必须完成课程规定的训练科目。不得使用模拟机代替课程中要求的飞机训练。

学员在执行本课程训练过程中，须使用同一型号的飞机和全动模拟机。

8 地面课训练提纲

8.1 GL 01（5 h 30 min）

1. 课程目的

为学员进入 FFS 01 的训练做准备，学习必要的航空知识。

2. 课程内容

（1）飞机和运行限制介绍。
（2）驾驶舱熟悉和检查单使用。
（3）一般运行科目。
（4）系统综合训练（2 h，可在 FTD 上完成）。
（5）空气动力特性、性能。

3. 完成标准

教员经口试认定学员具备令人满意的学习效果。

4. 参阅材料

（1）飞机飞行手册和飞机操纵手册。
（2）飞行员训练手册（PTM）中的标准操作程序。
（3）AC-61-FS-2013-19《特殊机动飞行训练》。
（4）AC-91-FS-2015-30《航空器驾驶员训练指南——复杂状态预防和改出训练（UPRT）》。

8.2 GL 02（3 h 30 min）

1. 课程目的

为学员进入 FFS 02 的训练做准备，学习必要的航空知识。

2. 课程内容

（1）正常和非正常飞行运行。
（2）非正常和应急程序。
（3）最低设备清单。
（4）飞行运行和自动飞行系统的使用。

3. 完成标准

教员经口试认定学员具备令人满意的学习效果。

4. 参阅材料

（1）飞机飞行手册和飞机操纵手册。
（2）飞行员训练手册（PTM）。
（3）快速检查单（QRH）。
（4）最低设备放行清单（MEL）。
（5）AC-91-FS-2014-23《航空器驾驶员指南——地面运行》。
（6）AC-121-FS-2018-22R1《标准操作程序》。
（7）AC-91-FS-2015-27《飞行程序》。

8.3 GL 03（2 h 30 min）

1. 课程目的

为学员进入 FFS 03 的训练做准备，学习必要的航空知识。

2. 课程内容

（1）航空器特定的应急训练。
（2）应急设备。

3. 完成标准

教员经口试认定学员具备令人满意的学习效果。

4. 参阅材料

（1）快速检查单（QRH）。

（2）飞机飞行手册和飞机操纵手册。

（3）AC-91-28《尾流和平行跑道运行》。

（4）AC-121-FS-2014-123《飞机起飞一发失效应急程序和一发失效复飞应急程序制作规范》。

（5）AC-91-FS-2015-27《飞行程序》。

（6）AC-121/135FS-2013-46《连续下降最后进近（CDFA）》。

8.4 GL 04（3 h）

1. 课程目的

为学员进入 FFS 03 的训练做准备，学习必要的航空知识。

2. 课程内容

（1）高空应急程序。

（2）不利天气下的常规做法。

3. 完成标准

教员经口试认定学员具备令人满意的学习效果。

4. 参阅材料

（1）快速检查单（QRH）。

（2）飞机飞行手册和飞机操纵手册。

（3）AC-91-FS-2012-16《航空器运营人全天候运行要求》。

（4）AC-91-FS-2013-18《航空器驾驶员低温冰雪运行指南》。

（5）AC-91-FS-2014-20《航空器驾驶员指南——雷暴、晴空颠簸和低空风切变》。

（6）AC-97-01《民用航空机场运行最低标准制定与实施准则》。

（7）IB-FS-2018-013《运输类飞机复杂状态预防和改出训练指导材料》。

9 飞行训练提纲

9.1 基础训练模块

本模块的训练以掌握高性能飞机的基本飞行程序、操纵特征，熟悉基本的不正常情况处置程序。

本模块的训练重在搭建学员航线运行的框架，因此减少了学员需要执行开关车程序的次数，让学员有更多时间进行航线运行练习。

9.1.1 FFS 01（2 h）

1. 进入条件

学员完成 GL 01。

2. 课程概述

通过模拟机训练，帮助学员从低空低速运行过渡至高空高速运行。利用学员较为熟悉的“三态互换”“空域科目”和盲降进近为切入点，让学员熟悉和掌握高性能多发飞机的基本操作。

时间	训练项目	AP	FD
0：10	（1）平飞及功率管理		
0：05	（2）滚转操纵		
0：15	（3）上升、下降改平飞		
0：05	（4）FMS 基本操作	o	o
0：05	（5）减速板的影响	o	o
0：15	（6）改变构型	o	o
0：15	（7）接近失速的改出		
0：15	（8）高空运行与飞行包线		
0：05	（9）快速下降	o	o
0：15	（10）ILS 进近和着陆	o	o
0：15	（11）原始数据 LS 进近和着陆		

3. 课程目标

（1）更好地了解高性能多发飞机的空气动力学特性。
（2）掌握基本的高性能多发飞机操作技巧。
（3）帮助学员将之前的知识和技能正向迁移至本阶段的训练之中。
（4）理解低空、高空运行的区别，明白在包线内运行的重要性。
（5）让学员初步建立正常操作新机型的信心。

4. 完成标准

（1）能够安全的操纵飞机进行机动。
（2）正确的操纵飞机完成进近。
（3）能够执行标准喊话。

5. 航　路

起飞机场：ZSPD。
航路：无。
离场方式：无。
着陆机场：ZSPD。
备降场：ZSHC。
航班号：FTU1011。

6. 性　能

飞机质量	4 304 kg
重心位置	适中
燃油量	679.5 kg
零燃油质量	按需设置
额外燃油	无
巡航高度	3 000 ft
构型	光洁

7. 天　气

标准天气条件，CAVOK。

8. 放行许可

无。

9. 开飞前

FTD 使用：介绍 FTD 使用安全及注意事项。

将飞机放置于 ZSPD 东南或东北方位距离约 10 NM*，背台飞行，飞行高度 3 000 ft，速度 200 kt。

教员帮助设置 FMS（FPL 页面中输入 ZSPD 即可）。

10. 实施细则

1）平飞及功率管理

了解飞机加、减速特性：

保持高度、航向，油门慢车，减速至绿点（当速度小于 135 kt 时会触发低速警告），注意减速过程消耗的时间及距离；当到达绿点速度时，油门 MCT（建议的最大连续推力时 ITT 不大于 750 °C），加速至 200 kt，注意加速过程消耗的时间及距离；整个过程中提醒学员注意飞机俯仰姿态变化。

2）滚转操纵

接通偏航阻尼器；

教员提醒学员坡度指示的认读方法；

向左和右分别做 180°转弯，观察转弯坡度 30°以内、坡度指示偏转方向，提醒学员观察偏航阻尼器接通时的侧滑指示。

3）上升、下降改平飞

注意：小的俯仰姿态变化 = 大的性能改变。

保持航向及速度 220 kt，使用 MCT（ITT 不大于 750 °C）爬升至 5 900 ft，注意爬升的姿态；提前 10%的上升率开始改平动作、调整功率设置，保持当前速度改平飞机。

然后保持航向及同样的速度，使用 N1 50%下降至 3 000 ft，注意下降的姿态；提前 10%的下降率开始改平动作、调整功率设置，保持当前速度改平飞机。

教员可多次反复要求学员改变飞行高度，使学员熟悉高性能飞机改平操作及状态的变化。

4）FMS 基本操作

AP/FD ON。

使用 ROLL、ALT 模式保持高度盘旋。

练习设置飞行计划、添加航路点、删除航路点、直飞、偏置等，学会用 FMS 核实飞行计划、燃油计划。

---

* 海里，长度单位，1 NM = 1.852 m

5）减速板的影响

AP/FD ON。

使用 HDG、ALT 模式。

保持高度、速度及航向，记住当前的姿态及功率，打开减速板，注意姿态和速度的变化；

增加功率回到并保持刚才的速度，注意风噪变化，然后收起减速板。

注意：使用减速板时 PF 或 PNF 需保持监控，防止忘收减速板。

6）改变构型

AP/FD ON。

使用 HDG、ALT 模式。

熟悉升力阻力随够行不通而产生的变化；

改变构型之前需要速度检查，禁止超速放构型。

襟翼：

保持高度，减速至 200 kt 以下并保持，记住当前的姿态及功率，放襟翼 15°，注意速度和姿态的变化，然后增加功率至 200 kt 并保持，记住姿态及功率。

起落架：

保持高度，减速至 186 kt 以下并保持，记住当前的姿态及功率，放起落架，注意速度和姿态的变化，然后增加功率至 186 kt 并保持，记住姿态及功率。

襟翼：

保持高度，减速至 161 kt 以下并保持，记住当前的姿态及功率，放襟翼 35°，注意速度和姿态的变化，然后增加功率至 161 kt 并保持，记住姿态及功率。

完成科目后，保持当前速度光洁构型，注意功率的调整及飞机状态变化。

7）接近失速的改出

光洁外形下的接近失速改出；

起飞外形下的接近失速改出；

着陆外形下的接近失速改出。

8）高空运行与飞行包线

INIT ACFT：ZSPD 东南或东北方位距离约 10 NM，向西飞行，高度 FL361，速度 180 kt。（MA600 机型按需选择高度）

高空飞行操纵：

了解飞机高空操作特性。

教员提醒学员观察速度带红区变化（可用空速范围减小）。

保持高度，爬升至 FL401，注意较小姿态变化引起的较大上升率改变；保持 FL401 后，下降至 FL361，注意较小姿态变化引起的较大下降率变化，注意飞机在重力分量作用下的明显增速。

保持高度，建立中等坡度，注意阻力增加造成的空速衰减，恢复平飞后恢复速度、高度。

保持高度，教员设置较高的外界温度，注意可用推力减小造成的空速衰减，恢复温度设置后恢复平飞。

9）快速下降

AP/FD ON。

使用 HDG、ALT 模式。

保持当前高度，使用 FLC 模式下降至 FL236（MA600 机型按需选择高度），设置速度不大于 Vmo/Mmo，放出减速板，注意观察下降率变化、增压系统指示变化。

10）ILS 进近和着陆

INIT ACFT：ZSPD RWY16 IAF（HSH、PDL 均可，按公布程序设置飞机高度、航向，速度设置 180 kt）。

Freeze：教员帮助完成进近前的准备（NAV1、NAV2、DME，REFS，飞机构型、复飞航向及高度）。

AP/FD ON。

使用 HDG、ALT 模式。

ATC：雷达引导，加入 RWY16 五边。

引导飞机以不大于 30°角度切入五边，同时保证飞机在距离 FAF 前有不小于 4 km 的平飞航段。

切五边时帮助学员预位 APP 模式。

ILS 进近，逐渐减速至 VAPP，并且在最低 1 000 ft AGL 前保持稳定进近，注意进近功率和姿态。

着陆：

教员指导学员真高 500 ft 脱开 AP，在决断高前建立目视。

11）原始数据 LS 进近和着陆

INIT ACFT：ZSPD RWY16 IAF（HSH、PDL 均可，按公布程序设置飞机高度、航向，速度设置 180 kt）。

Freeze：教员帮助完成进近前的准备（NAV1、NAV2、DME，REFS，飞机构型、复飞航向及高度）。

着陆：

教员指导学员建立稳定进近，决断前转为目视。

11. 常见问题

学员：

错误认读坡度指示器造成反操纵。

高空运行时，特别是在下降过程中超速。

高空运行时过度前推油门杆造成发动机超限。

修正动作过量造成飞行员诱导振荡（PIO）/飞机-飞行员耦合（APC）。

9.1.2 FFS 02（2 h）

1. 进入条件

学员完成 GL 02 和 FFS 01。

2. 课程概述

此课程是一个 A 机场到 B 机场的航线飞行。学员需要执行完整的飞行准备，飞行前检查，开车，滑行，正常起飞，爬升，到巡航阶段。结合地面理论课，为飞机训练做准备，在第一课的内容中，学员已经对飞机系统，座舱设备，仪表和基本的飞行基动有个大概的了解，本课将会给学员建立完整的程序概念，和简单的不正常情况处置原则。

时间	训练项目	AP	FD
0：10	（1）安全检查		
0：05	（2）驾驶舱预先准备		
0：15	（3）驾驶舱检查		
0：05	（4）开车前		
0：05	（5）开车		
0：15	（6）滑行前		
0：15	（7）滑行		
0：15	（8）起飞前		
0：05	（9）起飞		
0：15	（10）起飞后爬升、离场	o	o
0：15	（11）巡航		
0：15	（12）不正常情况的处置		

3. 课程目标

（1）建立多人制机组运行基本框架。
（2）掌握标准操作程序的基本概念。
（3）学习威胁管理。
（4）学习中断起飞。
（5）学习自动飞行系统。
（6）识别并处置简单的飞机故障。

4. 完成标准

（1）能够按照多人制机组的运行原则完成飞行前准备、飞行前检查、起飞前检查和正常襟翼起飞。

（2）能够安全处置中断起飞。

（3）能够正确地完成爬升与标准仪表离场。

（4）能够处置航空器的不正常情况。

5. 航　路

起飞机场：ZGDY。

航路 DYG W141 LIN A581 WHA W88 HOK W56 IGMIG。

离场方式：SID。

着陆机场：ZHCC。

备降场：ZHHH，ZHLY。

航班号：FTU1012。

6. 性　能

飞机质量	4 304 kg
重心位置	适中
燃油量	按需计算
零燃油质量	按需设置
额外燃油	按需计算
巡航高度	27 600 ft
构型	光洁

7. 天　气

风向风速。

8. 放行许可

SID。

9. 开飞前

最少机组成员。

飞机座舱设计原则。

机组角色，机长和副驾驶，PF，PM。

SOP 标准操作程序的概念，程序逻辑，框架。

不正常情况的处置原则，警告灯面板，QRH 的使用。

10. 实施细则

1）安全检查

学习外部安全检查，客舱检查程序。

介绍模拟机安全须知。

2）驾驶舱预先准备

每次飞行前，机长应当清楚地了解上次飞行结束时在记录本上所填的所有故障的处置情况。

设置保留故障，使用 MEL，考虑来自飞机的威胁。

飞行前应按飞行计划确定起飞燃油量，并应根据飞行时间和平均燃油消耗量对航路所需燃油进行计算，检查飞行计划燃油量是否符合合格证持有人燃油政策规定；加油前应确定所加燃油型号符合运行限制要求并确定燃油的冰点温度，加油完毕机组应检查实际总油量与要求的是否一致。

油量检查。

3）驾驶舱检查

完成驾驶舱检查，抄收 ATIS 和放行，执行飞行前检查单

4）开车前

获得开车许可，执行开车前检查单。

5）开　车

先启动下风面发动机，考虑启动限制。如考虑了环境威胁则正常启动，如超出限制则启动不正常，可设置悬挂，不点火，ITT 不上升，或者 ITT 快速接近 1 000 等情况。

6）滑行前

强调起飞简述，完成滑行前检查单，防冰/除冰系统检查考虑机场运行区域限制。

起飞简述包含预期的滑行路线，特别是热点区域。机组应该提前完成飞机离港的准备工作，熟悉滑行路线，并且应该在停机位推出或滑出前完成。

7）滑　行

训练学员从熟悉的、简单的校内机场，过渡到陌生的、复杂的民用运输机场。

强调飞行关键阶段的概念，滑行阶段应该当作飞行关键阶段来对待。

机组应优化操作程序以减小滑行阶段的工作负荷，起飞性能的分析输入、相应的检查单和机长迎客广播等工作应在推出或滑行之前完成。

所有机组成员都要注意滑行指令的收听，如需要，特别是在复杂或者不熟悉的机场，写下滑行指令，对照机场图交叉检查。在开始滑行前或者脱离跑道后，必须证实不清楚

的滑行指令或者位置。当不能确定滑行指令，应该停住飞机，向 ATC 证实。只有向 ATC 确认后，方可继续滑行。

滑行时，至少一名机组必须保持“抬头”，持续外部观察。机组应该遵守“静默”驾驶舱原则。主滑的飞行员负责控制飞机滑行并且他的主要任务是安全滑行。监控飞机的飞行员按照滑行指令和机场平面图向操纵飞机滑行的飞行员提供协助。当穿越和进入跑道时，不得执行检查单或进行其他事项。一个机组成员应该密切监视跑道活动情况。

当获得起飞、穿越跑道或脱离跑道指令后，应加强观察并立即执行。在脱离跑道后，如没有管制指令许可，不可进入另一跑道。当预计起飞或脱离跑道需延误时，应立即报告管制员。当机组得到指令进入跑道等待时，机组应保持高度警惕，尤其是在夜间或低能见运行时。如果无线电异常的安静，应检查无线电设备是否存在故障或联系管制员。如在预期时间内未获得进一步的指令，机组应主动与管制员联系。

8）起飞前

考虑跑道入侵，尾流间隔。强调计时，考虑全静压加温和起飞功率限制时间等情况。

9）起　飞

获得起飞许可，学习 PTM 中描述的起飞时机组角色和职责分配 A 类情况的机组分工和起飞程序。

学习中断起飞的处置要求学员做好起飞简述，起飞时做好随时中断的准备。

考虑决策，机组配合，高速低速中断。

如果设置 V1 前发动机失效，教会学员 Vmcg 对于飞机操纵的影响。

10）起飞后爬升、离场

考虑起飞航道阶段操纵要领，强调速度基准概念。

结合 cesnav 软件巡航爬升，最低燃油爬升，最短时间爬升（快升）。

结合机场使用细则或 NOTAM，到达加速高度，执行减噪程序。

通过 SID 离场或者雷达引导的离场，学习自动飞行控制系统。

通过过渡高度，过渡高度和 10 000 ft 项目的关系。

11）巡　航

匹配燃油计划，按照飞行准备时 cesnav 软件计算的数据，设置巡航功率。

使学员养成燃油计划，性能，燃油监控的好习惯，从活塞发动机的混合比调整巡航功率，过渡到高性能飞机巡航功率设置，强化如最大推力巡航、长航程巡航、成本指数等概念。

12）设置等效性的简单故障

例如 ADC 故障，AHRS 故障，单液压故障，单发电机故障等。

飞行机组按照对任何飞行机组成员探测到的一个不正常事件的反应，先判断、评估以后，执行记忆项目和 QRH 程序。

且遵循以下原则：

（1）状态，导航，通信；

（2）始终使用适当等级的自动化设备；

（3）始终理解 FMA；
（4）如果情况不如预期，采取行动。

11. 常见问题

没有检查燃油。
没有考虑启动限制就启动发动机。
滑错路线。
忘记执行减噪程序。
飞错离场。

9.1.3　FFS 03（2 h）

1. 进入条件

学员完成 GL 03 和 FFS 02。

2. 课程概述

本课程是学员 1 与学员 2 作为机组，执行从 A 地飞往 B 地的航班。
课程初始将飞机设置在航路是巡航，在下降顶点前 50 NM，正准备开始做下降准备。

时间	训练项目	AP	FD
	设置巡航		
0：20	（1）进近准备	o	o
0：10	（2）标准仪表进场程序	o	o
0：15	（3）非精密进近	o	o
0：05	（4）复飞		
	设置到起飞位		
0：10	（5）侧风起飞		
0：20	（6）V1 后发动机失效	o	o
0：10	（7）单发离场	o	o
0：10	（8）等待程序	o	o
0：15	（9）进近准备	o	o
0：15	（10）一发失效进近	o	o

3. 课程目标

（1）巩固自动化设备使用。
（2）加强仪表飞行能力。
（3）加强工作负荷管理能力。
（4）提高管理非正常情况能力。
（5）巩固情景意识。
（6）加强领导与协作能力。

4. 完成标准

（1）能够基本正确使用自动化设备。
（2）能够基本完成下降管理，完成进近准备。
（3）能够完成非精密进近。
（4）掌握单发失效后的操纵特性和飞行性能。
（5）作为机组成员能够完成对单发失效故障及空中起动的处置，在处置过程中，有效地保持对系统的监视，及时分享情景意识，并设置好故障处置的优先级，明确各机组成员的职责分工。

5. 航　路

始发机场：ZGDY。
航路：DYG W141 LIN A581 WHA W88 HOK W56 IGMIG。
目的地机场：ZHCC。
备降场：ZHHH，ZHLY。
航班号：FTU1001。

6. 性　能

飞机质量	4 530 kg
重心位置	适中
燃油量	906 kg
零燃油质量	按需设置
额外燃油	按需
巡航高度	3 000 ft
构型	光洁

7. 天　气

低能见，天气有转差趋势。

8. 开飞前

教员将能见度标准设置为 CAT Ⅰ类。

飞机设置至巡航高度 8 100 m QNE WHA，FMS 中完成航路输入，接通自动驾驶，水平导航/高度保持模式接通。

9. 实施细则

1）进近准备

指导学员完成准备，留够充足裕度，学员不应在未完成准备前仓促进近。正确交接飞机，抄收通波（下滑道不工作），联系 ATC 抄收进场条件，完成 FMS 输入，性能计算（燃油消耗、着陆性能），通信导航频率设置。

进近简述观察两位机组是否有交流意识，建议采取一问一答形式。

威胁：环境威胁/天气（低能见）。

2）仪表进场程序

ATC：使用跑道 RWY12L 进场方式 IGMIG-1U 进近方式非精密。

提醒学员注意公布图上相关限制（速度，高度）。

3）非精密进近

使用 CDFA 技术。

LOC 进近：在正确的位置使用 HDG 模式建立切入角后，为了避免工作不稳定的 GS 干扰，接通 NAV 模式，注意 NAV LOC 预位、截获的过程，提醒学员预选高度对接通 VS 模式的影响。使用 AFDS 标准喊话。

VOR/DME 进近：在正确的位置使用 HDG 模式建立切入角后，接通 APP 模式，注意 APP VOR 预位、截获的过程，提醒学员预选高度对接通 VS 模式的影响。使用 AFDS 标准喊话。

在最低 1 000 ft AGL 前保持稳定进近，注意进近功率及姿态，进近过程中使用标准喊话。

威胁（稳定进近）。

4）复　飞

复飞，观察是否在先前有准备（简述，复习动作）。

注意复飞的推力、姿态和速度，参考指令杆，保持速度 VAPP，根据速度来确定俯仰姿态，并正确地使用配平来保持该姿态。收构型前检查速度。

设置 B 机场起飞位。

设置天气，地面风正侧风 15 kt，能见度 5 000 m。

ATC 发布离场许可：使用跑道 26 号，LIN-11D，起始高度 1 800 m。

指导学员完成起飞简述内容，重点强调不正常情况下的处置原则，机组分工。

威胁：环境威胁/地形。

5）侧风起飞

询问学员是否知晓侧风起飞技巧，并执行相关动作。

6）V1 后发动机失效

设置 110 kt 发动机失效（有损伤），继续起飞，管理工作排序。单发失效后，强调飞机姿态、空速、工作发推力设置、配平的使用是控制好状态的关键。状态稳定后，提醒学员接通自动驾驶，降低工作负荷，执行程序。单发起飞后保持对地形的警觉意识。

7）单发离场

沿程序或雷达引导离场，处置，学员根据现象（发动机指示系统，客舱报告）决策是否执行空中重启。

8）进近准备

ATC 建议机组加入等待程序（按需），发布可使用的跑道，进近方式，询问意图。

完成简述，利用 TEM 模型，预知威胁及其后果（单发操纵特点和性能、单发复飞程序、燃油不平衡）。

9）单发进近着陆

单发进近和着陆，注意随着空速减小，需重新配平飞机保持合适的操纵力。可按需放襟翼至着陆位，大多数情况下襟翼着陆位造成的俯仰变化较小，但能减小接地速度。

若襟翼放着陆位接地，可正常将襟翼放至地面位置，若在进近位，保留襟翼，放减速板。

单发复飞

强调单发复飞的标准动作，特别是方向舵和配平的使用，强调建立复飞后的安全高度。

10. 常见问题

沟通：不能明确时机和形式，简述照本宣科，不够详尽，机组未达成共识，进近中出现认知不一致。

工作负荷管理：处置原则混乱，分工不明确。

问题解决与决策：机组倾向依赖管制员的建议，主动决策意识弱。

航径管理-自动飞行：对 FMA 监视理解不足。

9.1.4 FFS04（2 h）

1. 进入条件

学员完成 GL 04 和 FFS 03。

2. 课程概述

经过前面 3 个课程的飞行，作为整个 FFS 的最后课程，为了承接之后的飞机训练，本课程设计为从成都双流机场起飞，降落在重庆江北机场。机组需要做完整的飞行准备与实施过程，要求此过程与之后的真机训练过程一致。学员 1 执飞成都至重庆航段，学员 2 执飞重庆至成都航段，学员 2 在重庆机场执行过站准备。本课程模拟机不涉及飞机故障处置，主要包含机组决策和程序应用的相关训练。教员需要扮演签派、管制角色，必要时也可以暂停教学，但是注意需要在规定时间内完成课程所有内容。本课的教学重点一个是航线运行的程序与框架，另一个就是积冰引起的高空高速状态下机动操纵方法与初中教低空低速机动操作的习惯不符，从而引出高空高速空气动力学的介绍与学习。

学员 1：

时间	训练项目	AP	FD
0：10	（1）驾驶舱准备		
0：05	（2）签派放行		
0：10	（3）发动机启动及启动后		
0：05	（4）FMS 飞行计划输入/起飞简令		
0：15	（5）滑行		
0：05	（6）减噪起飞		o
0：10	（7）离场爬升		o
0：15	（8）巡航（防除冰）	o	o
0：10	（9）下降准备和下降		
0：05	（10）进场	o	o
0：10	（11）VOR 进近	o	o
0：05	（12）着陆		
0：15	（13）着陆后		

学员 2：

时间	训练项目	AP	FD
0：10	（1）驾驶舱准备		
0：05	（2）签派放行		
0：10	（3）发动机启动及启动后		
0：05	（4）FMS 飞行计划输入/起飞简令		
0：15	（5）滑行		
0：05	（6）起飞		o
0：10	（7）离场爬升	o	o
0：15	（8）巡航（防除冰）	o	o
0：10	（9）下降准备和下降		
0：05	（10）进场	o	o
0：10	（11）原始数据 ILS 进近	o	o
0：05	（12）复飞		o
0：05	（13）着陆		o
0：10	（14）着陆后		

3. 课程目标

（1）构建高性能飞机转场运行全行程框架。
（2）能准确完成正常转场运行的所有程序。
（3）初步形成利用 TEM 进行机组决策的逻辑思路。
（4）了解减噪程序在正常转场运行中是如何实施。
（5）了解自动飞行下的非精密进近。
（6）了解复飞程序的实施过程。
（7）了解防除冰设备的使用。
（8）了解高空高速运行下机动操作的操纵技巧。

4. 完成标准

（1）机组能独立地使用标准程序，完成航线飞行。

（2）可以利用 TEM 模型识别运行中的威胁，并做相应的威胁管理。

（3）机组能掌握防除冰设备的使用、减噪程序的实施、非精密进近的实施、复飞程序的实施。

（4）机组对于高空空气动力学相关知识有一定了解，对于高空高速运行的机动操作方法有一定了解。

5. 航　路

起飞机场：成都双流机场（ZUUU），一天中第一段飞行任务。

航路：ZUUU JTG OGOMO ESPEG GAO ANSAR ZUCK　　ZUCK SOSLI P266 ZUWX。

目的地机场：重庆江北机场（ZUCK）。

备降机场：万州五桥机场（ZUWX），短时过站后返回成都。

起飞机场：重庆江北机场（ZUCK）。

目的地机场：成都双流机场（ZUUU）。

备降机场：绵阳南郊机场（ZUMY）。

航路：ZUCK SOSLI P204 SULEP EKELA GAO P491 ZUUU　　ZUUU JTG CDX P247 ZUMY。

航班号：FTU2161/FTU2162。

6. 性　能

飞机质量	4 620 kg
重心位置	适中
燃油量	1 359 kg
零燃油质量	按需设置
额外燃油	正常巡航速度飞行 45 min
巡航高度	成都至重庆 7 500 m、重庆至成都 7 800 m
构型	按需设置

7. 天　气

ZUUU　01003MPS 2000 OVC033 10/9 Q1007 NOSIG。

ZUCK　09004MPS 030V180 4000 OVC043 10/9 Q1019 TEMPO WS LDG RWY 02L。

ZUWX　02004MPS 9999 FEW050 10/7 Q1008 NOSIG。

ZUMY　04002MPS 6000 FEW050 7/3 Q1010 NOSIG。

重要天气图上显示航路上有中强度积冰。

8. 放行许可

FTU2161 可以正常放行至重庆江北，JTG OGOMO ESPEG GAO ANSAR，放行频率 128.6，应答机 1456。

FTU2162 可以正常放行至成都双流，SOSLI P204 SULEP EKELA GAO P491，放行频率 126.65，应答机 2654。

9. 开飞前

两位学员在教员的引导下进行飞行前直接准备。完成后将飞机放置于 ZUUU/ZUCK 的停机位，机组成员完成了驾驶舱预先准备和绕机检查，共同进入驾驶舱入座。

10. 实施细则

1）学员 1

（1）飞行前准备。

天气情况：

应包括起飞和爬升时的实际和预期的气象情况包括跑道状态。航路中重要天气，包括风和温度。目的地机场和备降机场的终端天气预报。

NOTAM：

航行通告中应告知成都双流起飞应执行减噪起飞程序。还应告知重庆江北机场 02R 执行 VOR 进近，02L 执行 ILS 进近。

飞行计划：

机组将检查飞行计划中的航路、高度和飞行时间。

燃油要求。

航图准备、机场细则：

机场细则中表明起飞需要执行减噪程序。

（2）驾驶舱准备。

学员按程序完成驾驶舱准备，并按左右座分工执行检查单。

（3）签派放行。

本课程为航线飞行训练，收听通波，通波中描述本场起飞应实施减噪起飞程序。之后学员向 ATC 申请放行及放行指令的抄收。

核实燃油重量平衡以及性能数据。

（4）发动机启动及启动后。

学员自主启动发动机以及电子设备设置、系统测试以及滑行前准备。

（5）FMS 飞行计划输入/起飞简令。

学员设置 FMS 计划，指导机组需按航图交叉检查计划准确性。完成起飞简述。

（6）滑行。

正常滑行，机组需按有效的机场平面图认真准备，预计滑行路线，在起飞简令中明确滑行程序。

机组注意保持对外的扫视，在接近任何道口时都要确认道口附近无任何飞机和其他活动，发现障碍物应随时停止滑行。

PM 保持与 ATC 的联系，遇有跑道更换或滑行路线改变，PF 应及时停止滑行，在不能确认路线及位置或进入不明区域时都应立即停止并告知 ATC。

PM 向 ATC 申请进入跑道时，要明确无误地得到 ATC 的进跑道许可，并且在 PF、PM 都证实五边清洁之后，PF 方可操纵飞机进入跑道。

（7）减噪起飞。

机组按照标准操作程序及分工完成减噪起飞。PF 控制飞机，PM 与 ATC 保持联系完成报话。完成检查单。起飞后由于温度、湿度及云层高度考虑使用防除冰设备。

（8）离场爬升。

执行 SID，使用远程导航，按标准程序完成离场。

（9）巡航。

教员可适当设置直飞或航路偏执或天气绕飞。

推荐的防除冰的使用以及天气绕飞的场景设置：① 如果机组在飞行前准备和前期飞行过程中已经足够识别了气象积冰的威胁，并做了威胁管理，良好地使用了防除冰设备，教员可以扮演 ATC 要求机组高速巡航（253 kt 左右），可适当增加飞机全重（由于无防除冰保护的位置存在积冰），完成之后在下段航路离转弯点较近的位置设置小体积孤立淡积云，可以将淡积云设置在转弯点后（由于雷达角度可能会在前段航段中没有发现天气在雷达上显示），此时可观察机组的处置，由于自动驾驶在 NAV 模式下没有半坡度保护，天气也较孤立，机组大多数情况下会顾及不到飞机处于高高度大能量状态下，会选择申请大角度转弯避让，一旦操作动作出现，教员可指导学员观察飞机由于大重力、大速度、高高度、没有半坡度保护的大转弯坡度导致的大载荷从而使飞机速度带底部红色速度区域增大，可飞绿色速度区域减小，让学员理解高速飞行空气动力学（如速度带底部红色速度区域增大不明显可让机组手飞机动）。如果机组决定爬升来避让天气，教员可以让学生选择爬升到什么高度，便于 RNAV 引入相关知识的教学，一旦飞机开始爬升，飞机由于大重力、大速度、高高度和手动飞机的不柔和操作以及不合理爬升速度的选择而导致大飞机载荷从而使飞机开始抖杆或超出飞机载荷包线。正确的处置方式是选择下降避让，由于是小体积孤立淡积云，所以天气下方避让是可行的。② 如果机组在飞行前准备和前期飞行过程中没有良好识别气象积冰的威胁，没有做威胁管理，在起飞爬升时教员可以设置严重积冰，飞机可能会出现在起飞功率、最大爬升率速度下仍然出现下降率的非预期航空器状态。可以给学员介绍由于积冰会导致飞机的全重增加，使飞机的升力系数降低，不断上升的高度还会使周围大气的密度降低，从牛顿定律和升力公式来分析，飞机的临界迎角减小，飞机载荷增加，都会导致失速速度增加。从操纵面污染、飞机载荷、飞机能量的角度来阐述积冰对飞行的危害以及防除冰设备使用的重要性。

（10）下降准备和下降。

根据巡航高度计算下降顶点，并在下降前 50 NM 或提前 10 min 开始准备。进近简述中还应增加燃油消耗、夜航、能见度低的相关简述，避免出现燃油不足、落错跑道、滑错滑行路线。

准备过程必须严格完整。为了让学员充分体会多人制机组协同，PF 和 PM 需按程序分别准备，飞机操纵的交接、简述的执行需详细有效。

FMS 中输入目的地机场预计离场程序，备降航路及目的地机场。

飞机开始下降后，机组根据温度湿度灵活使用防除冰设备。

（11）进场。

执行雷达引导进场，使用航向选择导航完成进场。

教会学员不要做仓促的进近，必要时申请加入等待程序。教员作为 ATC 向机组通报 1 h 前有少量航班因低空风切变备降，使学员有备降考虑。

（12）VOR 进近。

在正确的位置使用 HDG 模式建立切入角后接通 APP 模式，注意 APP VOR 预位、截获的过程，使用 AFDS 标准喊话。

FAF 前 0.3 NM 改下降后，逐渐减速至 VAPP，下降过程中根据地速确定下降率并根据航图监控高距比，在最低 1 000 ft AGL 前保持稳定进近。

注意进近功率及姿态进近过程中使用标准喊话。

（13）着陆。

为了避免多跑道运行造成落错跑道，机组需根据进近准备中，对于着陆跑道位置的相关简述，目视确认正确的着陆跑道灯光，并且相互证实。

（14）着陆后。

ATC 按机场图给出滑行路线及停机位置。PF 控制飞机滑行，PM 回答、抄收指令。机组在不清楚滑行路线时需停下飞机证实指令。

2）学员 2

（1）过站。

天气情况：

应包括起飞和爬升时的实际和预期的气象情况包括跑道状态。航路中重要天气，包括风和温度。目的地机场和备降机场的终端天气预报。

NOTAM：

无。

飞行计划：

机组将检查飞行计划中的航路、高度和飞行时间。

燃油要求。

航图准备、机场细则。

（2）驾驶舱准备。

学员按程序完成驾驶舱准备，并按左右座分工执行检查单（快速过站）。

（3）签派放行。

本课程为航线飞行训练，收听通波，之后学员向 ATC 申请放行及放行指令的抄收。核实燃油重量平衡以及性能数据。

（4）发动机启动及启动后。

学员自主启动发动机以及电子设备设置、系统测试以及滑行前准备。

（5）FMS 飞行计划输入/起飞简令。

学员设置 FMS 计划，指导机组需按航图交叉检查计划准确性。完成起飞简述。

（6）滑行。

正常滑行，机组需按有效的机场平面图认真准备，预计滑行路线，在起飞简令中明确滑行程序。

机组注意保持对外的扫视，在接近任何道口时都要确认道口附近无任何飞机和其他活动，发现障碍物应随时停止滑行。

PM 保持与 ATC 的联系，遇有跑道更换或滑行路线改变，PF 应及时停止滑行，在不能确认路线及位置或进入不明区域时都应立即停止并告知 ATC。

PM 向 ATC 申请进入跑道时，要明确无误地得到 ATC 的进跑道许可，并且在 PF、PM 都证实五边清洁之后，PF 方可操纵飞机进入跑道。

（7）起飞。

机组按照标准操作程序及分工完成起飞。PF 控制飞机，PM 与 ATC 保持联系完成报话。完成检查单。起飞后由于温度、湿度及云层高度考虑使用防除冰设备。

（8）离场爬升。

执行 SID，使用远程导航，按标准程序完成离场。

（9）巡航。

教员可适当设置直飞或航路偏执或天气绕飞。

推荐的防除冰的使用以及天气绕飞的场景设置：① 如果机组在飞行前准备和前期飞行过程中已经足够识别了气象积冰的威胁，并做了威胁管理，良好的使用了防除冰设备，教员可以扮演 ATC 要求机组高速巡航（253 kt 左右），可适当增加飞机全重（由于无防除冰保护的位置存在积冰），完成之后在下段航路离转弯点较近的位置设置小体积孤立淡积云，可以将淡积云设置在转弯点后（由于雷达角度可能会在前段航段中没有发现天气在雷达上显示），此时可观察机组的处置，由于自动驾驶在 NAV 模式下没有半坡度保护，天气也较孤立，机组大多数情况下会顾及不到飞机处于高高度大能量状态下，会选择申请大角度转弯避让，一旦操作动作出现，教员可指导学员观察飞机由于大重力、大速度、高高度、没有半坡度保护的大转弯坡度导致的大载荷从而使飞机速度带底部红色速度区域增大，可飞绿色速度区域减小，让学生理解高速飞行空气动力学（如速度带底部红色速度区域增大不明显可让机组手飞机动）。如果机组决定爬升来避让天气，教员可以让学生选择爬升到什么高度，便于 RNAV 引入相关知识的教学，一旦飞机开始爬升，飞机由于大重力、大速度、高高度和手动飞机的不柔和操作以及不合理爬升速度的选择而导致大飞机载荷从而使飞机开始抖杆或超出飞机载荷包线。正确的处置方式是选择下降避让，由于是小体积孤立淡积云，所以天气下方避让是可行的。② 如果机组在飞行前准备和前期飞行过程中没有良好识别气象积冰的威胁，没有做威胁管理，在起飞爬升时教员可以设置严重积冰，飞机可能会出现在起飞功率、最大爬升率速度下仍然出现下降率的非预期航空器状态。可以给学生介绍由于积冰会导致飞机的全重增加，使飞机的升力系数降低，不断上升的高度还会使周围大气的密度降低，从牛顿定律和升力公式来分析，飞机的临界迎角减小，飞机载荷增加，都会导致失速速度增加。从操纵面污染、飞机载荷、飞机能量的角度来阐述积冰对飞行的危害以及防除冰设备使用的重要性。

（10）下降准备和下降。

根据巡航高度计算下降顶点，并在下降前 50 NM 或提前 10 min 开始准备。进近简述中还应增加燃油消耗、夜航、能见度低的相关简述，避免出现燃油不足、落错跑道、滑错滑行路线。

准备过程必须严格完整。为了让学员充分体会多人制机组协同，PF 和 PM 需按程序分别准备，飞机操纵的交接、简述的执行需详细有效。

FMS 中输入目的地机场预计离场程序，备降航路及目的地机场。

飞机开始下降后，机组根据温度湿度灵活使用防除冰设备。

（11）进场。

执行雷达引导进场，使用航向选择导航完成进场。

教会学员不要做仓促的进近，必要时申请加入等待程序。

（12）ILS 进近。

在正确的位置使用 HDG 模式建立切入角后接通 APP 模式，注意 APP LOC 预位、截获至 GS 预位、截获的过程，使用 AFDS 标准喊话。

完全建立 ILS 后，逐渐减速至 VAPP，并且在最低 1 000 ft AGL 前保持稳定进近。

注意进近功率及姿态□进近过程中使用标准喊话。

（13）复飞。

短五边 TERRAIN 警告响起，机组执行复飞程序。之后机组商量是由于地形警告数据库的原因，决定再次进近。

（14）着陆。

为了避免多跑道运行造成落错跑道，机组需根据进近准备中，对于着陆跑道位置的相关简述，目视确认正确的着陆跑道灯光，并且相互证实。

（15）着陆后。

ATC 按机场图给出滑行路线及停机位置。PF 控制飞机滑行，PM 回答、抄收指令。机组在不清楚滑行路线时需停下飞机证实指令。

11. 常见问题

教员：

（1）着重某阶段的教学，使模拟机教学在规定时间内不能完成所有科目。

（2）当学员进行了适当处置后，没有将特情降级或取消，未降低学员工作负荷。

（3）飞行过程中提示太多，打断学员执行程序思路，使课程不能连续推进。

（4）属于真机不常运行航线，对整个运行情景的掌控可能会失真。

学员：

（1）地面准备不够细致，空中情景意识受程序熟练度牵扯过多。

（2）工作负荷水平持续偏高，紧张气氛导致学生综合能力下降。

（3）初中教负迁移影响较大，特别是在应激水平较高情况下。

（4）“驾驶飞机完成转场任务”比“利用 TEM 模型进行机组决策”更重要。

（5）按照低速操纵习惯来应对高空高速的飞机机动。

9.2 情景训练模块

本模块的训练场景为 LOFT，教员需按照循序渐进，从易到难的顺序完成 FFS 05 ~ FFS 11 课的训练。

其中，FFS 10、FFS 11 难度有所提升，学员需认真做好预习和飞行前准备，教员需针对这两课的具体内容做好细致讲评。

9.2.1 FFS05（2 h）

1. 课程科目要点

（1）滑行时 ATC 更换离场跑道或标准离场程序，观察机组应对处置。

（2）在目的地机场执行盘旋进近，观察机组起飞前是否注意到咨询通告的提醒以及在进近简述时是否纳入了完整的盘旋进近操作细节。

（3）高原机场运行的相关知识和注意事项。

<table>
<tr><td colspan="3">Call sigh：FTU3251　From ZUUU To ZPPP　Alternate：ZUGY
Airplane：</td></tr>
<tr><td>Route</td><td colspan="2">ZUUU ZYG REGEB WLY DONLA RELUT HX MEBNA ZPPP　ZPPP KIBES LPS P417 QNX ZUGY</td></tr>
<tr><td>PIB</td><td colspan="2"></td></tr>
<tr><td rowspan="3">Weather Condition</td><td>ZUUU</td><td>标准天气条件，CAVOK</td></tr>
<tr><td>ZHLY</td><td>标准天气条件，CAVOK</td></tr>
<tr><td>ZUGY</td><td>标准天气条件，CAVOK</td></tr>
<tr><td>Departure Clearance</td><td colspan="2"></td></tr>
<tr><td rowspan="3">Cesnav DATA</td><td>Planning</td><td>TOW：　Total Fuel：</td></tr>
<tr><td>Takeoff</td><td>V1：　VR：　V2：　N1：</td></tr>
<tr><td>Landing</td><td>Distance：　Vapp：　Vref：　N1：</td></tr>
<tr><td>Note</td><td colspan="2">Notam：昆明机场推荐执行盘旋进近</td></tr>
</table>

2. 学员 1

训练科目	教员指南
完成起飞简述	简述中清晰描述了离场程序
滑行时 ATC 更换离场跑道或标准离场程序	PF、PM 有没有良好的分工，补充简述是否完备。工作负荷管理、情景意识胜任力的展现
完成进近简述	简述中是否完整清晰描述了盘旋进近的操作细节以及航图中关于盘旋进近限制的内容
盘旋进近	PF、PM 有没有良好的分工，是否按照简述中实施进近，是否始终保持对跑道的目视观察，如有复飞，是否能按照盘旋进近的要求实施复飞，对于保护区的认识
高原运行	对于高原天气的注意，对于高原飞机性能的认识，对于高原地形的情景意识。如进近时需要复飞，教员应该引导学员考虑地形以及保护区等考虑因素

Call sigh：FTU3252　From　ZPPP To ZUUU　Alternate：　ZUMY Airplane：		
Route	ZPPP DADOL P334 ZAT ENTOV KAKMI P492 FJC ZUUU　ZUUU JTG CDX P247 ZUMY	
PIB		
Weather Condition	ZUUU	标准天气条件，CAVOK
	ZHLY	标准天气条件，CAVOK
	ZUGY	标准天气条件，CAVOK
Departure Clearance		
Cesnav DATA	Planning	TOW：　Total Fuel：
	Takeoff	V1：　VR：　V2：　N1：
	Landing	Distance：　Vapp：　Vref：　N1：
Note	Notam：成都机场推荐执行盘旋进近	

3. 学员 2

训练科目	教员指南
完成起飞简述	简述中清晰描述了离场程序
滑行时 ATC 更换离场跑道或标准离场程序	PF、PM 有没有良好的分工，补充简述是否完备。工作负荷管理、情景意识胜任力的展现
完成进近简述	简述中是否完整清晰描述了盘旋进近的操作细节以及航图中关于盘旋进近限制的内容
盘旋进近	PF、PM 有没有良好的分工，是否按照简述中实施进近，是否始终保持对跑道的目视观察，如有复飞，是否能按照盘旋进近的要求实施复飞，对于保护区的认识

9.2.2 FFS06（2 h）

1. 课程科目要点

（1）增压系统运行机制，地面自动增压失效的后果以及处置。
（2）空中释压的处置程序和注意事项。
（3）紧急下降的实施程序和注意事项。
（4）开车时超过顺风极限的处置。
（5）实施巡航阶段返场时需要注意的内容。
（6）高原机场运行的相关知识和注意事项。
（7）机上的氧气使用时间以及应急设备使用注意事项。

Call sigh：FTU5361 From ZHHH To ZLLL Alternate：ZLXY Airplane：		
Route	ZUUU UBGIV ONIXO REVKU P403 ML KIKIV P62 SHX ZS DOVOP TEBIB ADNEN QIY ODISA P03 GUY OVTIB ZLLL ZLLL IRSUM JIG VISIN SADBU HO ZLXY	
PIB		
Weather Condition	ZHHH	METAR ZHHH 090006MPS 6000 SCT018 13/08 Q1023 NOSIG
	ZLLL	标准天气条件，CAVOK
	ZLXY	标准天气条件，CAVOK
Departure Clearance		
Cesnav DATA	Planning	TOW： Total Fuel：
	Takeoff	V1： VR： V2： N1：
	Landing	Distance： Vapp： Vref： N1：
Note	飞行记录本：上次飞行中机组反应在空中短时自动增压失效，着陆后机务地面检查正常	

2. 学员 1

训练科目	教员指南
完成起飞简述	简述中涉及飞机的威胁管理
地面滑行	教员设置地面自动增压失效，增压面板上的失效灯光亮，教员可增加工作负荷，使特情可保留
执行起飞后检查单线上部分	教员扮演 ATC 增加机组工作负荷，比如中断检查单，使这个非预期航空器状态一直处于未识别状态
空中释压/DOOR NOT LOCKED	如果机组直到巡航阶段未识别自动增压失效这个非预期航空器状态，那么教员可以设置空中释压。如果机组之前识别了自动增压失效，教员可在航路中设置 DOOR NOT LOCKED，机组可根据之前绕机、微动电门等威胁来判断警告的处置方式，当然，QRH 处于处置领导地位
紧急下降	如果教员设置空中释压，教员可扮演 ATC 延迟回复，观察机组是否会 30°航向航路右侧切出进行紧急下降

<table>
<tr><td colspan="4">Call sigh：FTU5362　From　ZLLL To ZHHH　　Alternate：无
Airplane：</td></tr>
<tr><td>Route</td><td colspan="3">ZLLL IRSUM JIG VISIN SADBU HO P396 P404 P397 UGSUT P17 P62 KIKIV ML P403 REVKU ONIXO ZHHH</td></tr>
<tr><td>PIB</td><td colspan="3"></td></tr>
<tr><td rowspan="3">Weather Condition</td><td>ZLLL</td><td colspan="2">标准天气条件，CAVOK</td></tr>
<tr><td>ZHHH</td><td colspan="2">METAR ZHHH 090006MPS 6000 SCT018 13/08 Q1023 NOSIG</td></tr>
<tr><td>无</td><td colspan="2"></td></tr>
<tr><td>Departure Clearance</td><td colspan="3"></td></tr>
<tr><td rowspan="3">Cesnav DATA</td><td>Planning</td><td colspan="2">TOW：　Total Fuel：</td></tr>
<tr><td>Takeoff</td><td colspan="2">V1：　VR：　V2：　N1：</td></tr>
<tr><td>Landing</td><td colspan="2">Distance：　Vapp：　Vref：　N1：</td></tr>
<tr><td>Note</td><td colspan="3">绕机检查时发现右主轮上的空地电门间距较近</td></tr>
</table>

3. 学员 2

训练科目	教员指南
完成起飞简述	简述中涉及飞机的威胁管理
空中释压	由于右主轮空地电门失效，教员设置初期巡航阶段空中释压
紧急下降	如果教员设置空中释压，教员可扮演 ATC 延迟回复，观察机组是否会 30°航向航路右侧切出进行紧急下降
返场	由于高原地形原因，飞机不能下降到安全高度，机组必须使用氧气，可根据氧气使用时间来设置返场科目

9.2.3 FFS07（2 h）

1. 课程科目要点

（1）液压系统运行机制，液压系统各子系统失效的后果以及处置，以及着陆性能计算。

（2）动力刹车失效后的处置程序和注意事项，包括对 QRH 程序的理解与分析。

（3）正常复飞的实施程序和注意事项。

Call sigh：FTU3461 From ZSSS To ZSHC Alternate ：ZSPD Airplane：		
Route	ZSSS AND OKTUG SUPAR DSH ZSHC ZSHC DSH SUPAR OKTUG AND DADAT ZSPD	
PIB		
Weather Condition	ZSSS	METAR ZSSS 06004MPS 7000 -RA BKN020 13/10 Q1021 NOSIG
	ZSHC	METAR ZSHC 31003MPS 270V350 8000 -RA FEW015 SCT030 13/09 Q1023 NOSIG
	ZSPD	标准天气条件，CAVOK
Departure Clearance		
Cesnav DATA	Planning	TOW： Total Fuel：
	Takeoff	V1： VR： V2： N1：
	Landing	Distance：Vapp：Vref：N1：
Note	飞行记录本：上次飞行任务结束后飞机更换了液压油管路	

2. 学员 1

训练科目	教员指南
完成起飞简述	简述中涉及关于飞机威胁的内容
巡航阶段左右液压压力低	观察学员关于飞机状态的评估，可逐步设置其他液压子系统失效
着陆机场选择	可在航路中点设置故障，观察机组是否考虑到飞机着陆性能变差而考虑在有更长跑道的萧山机场着陆

3. 学员 2

Call sigh：FTU3461 From ZSHC To ZSSS Alternate ：ZSPD Airplane：		
Route	ZSHC DSH SUPAR OKTUG AND DADAT JTN ZSSS 备降航路查看区域图	
PIB		
Weather Condition	ZSHC	METAR ZSHC 31003MPS 270V350 8000 -RA FEW015 SCT030 13/09 Q1023 NOSIG
	ZSSS	METAR ZSSS 06004MPS 7000 -RA BKN020 13/10 Q1021 NOSIG
	ZSPD	标准天气条件，CAVOK
Departure Clearance		
Cesnav DATA	Planning	TOW： Total Fuel：
	Takeoff	V1： VR： V2： N1：
	Landing	Distance：Vapp：Vref：N1：
Note	飞行记录本：上次飞行任务时飞机动力刹车短时失效，机务地面检查正常	

训练科目	教员指南
完成起飞简述	简述中涉及关于飞机威胁的内容
五边设置应急放起落架	教员可设置起落架手柄可放下或不能放下两种情况，就可以引入动力刹车失效的特情处置，如若机组决策复飞，教员应予以支持
动力刹车失效	若设置起落架手柄不能放下，设置动力刹车失效
正常复飞	教员扮演 ATC 在着陆许可时询问飞机起落架放下情况，主动询问机组是否需要在五边发生不能正常放下起落架时复飞，以便在油量允许的情况下给予机组商量讨论的时间

9.2.4 FFS08（2 h）

1. 课程科目要点

（1）风切变的处置。

（2）非正常程序的处置。

（3）燃油的监控，航空决策。

（4）地形和尾流的警觉意识。

<table>
<tr><td colspan="3">Call sigh：FTU3001　From　ZYTX To ZSQD　Alternate：ZSJN
Airplane：</td></tr>
<tr><td>Route</td><td colspan="2">TOSID A588 UDETI W106 MAKNO W5 ATLED</td></tr>
<tr><td>PIB</td><td colspan="2"></td></tr>
<tr><td rowspan="4">Weather Condition</td><td>ZYTX</td><td>METAR ZYTX 020300Z 27005MPS 200V260 CAVOK 15/M10 Q1020 NOSIG=
TAF ZYTX 020116Z 23004MPS 200V280 CAVOK=</td></tr>
<tr><td>ZSQD</td><td>METAR ZSQD 020300Z VRB02MPS 6000 CB033 13/M13 Q1026 NOSIG=
TAF ZSQD 012107Z 35004MPS 3500 BECMG 0200/0206 3200 -RA=</td></tr>
<tr><td>ZSJN</td><td>METAR ZSJN 020300Z 34002MPS 300V360 9999 -RA OVC040 09/03 Q1026 NOSIG=
TAF ZSJN 012140Z 25003MPS CAVOK=</td></tr>
<tr><td></td><td></td></tr>
<tr><td>Departure Clearance</td><td colspan="2"></td></tr>
<tr><td rowspan="3">Cesnav DATA</td><td>Planning</td><td>TOW：　Total Fuel：</td></tr>
<tr><td>Takeoff</td><td>V1：　VR：　V2：　N1：</td></tr>
<tr><td>Landing</td><td>Distance：　Vapp：　Vref：　N1：</td></tr>
<tr><td>Note</td><td colspan="2"></td></tr>
</table>

2. 学员 1

训练科目	教员指南
FMS 飞行计划输入/起飞简令	放置飞机在主滑行道等待，使用跑道 24 号，完成滑行前准备
滑行（跑道入侵）	ATC：进跑道对正等待 设置一架飞机在五边进近
起飞风切变	ATC：前机反映一边风切变 若机组正确管理威胁，口试形式考察学员是否了解相关知识，否则 300 ft AGL 处设置中度风切变
巡航	设置 ADC 故障
标准仪表进场	ATC：由于机场南侧有天气，使用 17 号跑道 ILS/DME 进近，然后盘旋至跑道 35 号着陆。
目视盘旋进近（C 类）或备降	机组评估决策，着陆后检查剩余燃油

3. 学员 2

训练科目	教员指南
FMS 飞行计划输入/起飞简令	放置飞机在主滑行道等待，使用跑道 24 号，完成滑行前准备
滑行（跑道入侵）	ATC：跟起飞飞机进跑道，对正等待 设置一架飞机在跑道上起飞
尾流间隔	ATC：可以起飞 若学员不考虑尾流间隔，执行起飞，设置中度颠簸
TAWS	ATC 更改雷达引导离场，指令故意有误（右转航向 210），如学员不证实指令，后续提醒其加速爬升，注意地形
巡航	设置 AHRS 故障（或等效故障）
进近	使用 35 号跑道 ILS/DME 进近 设置进近阶段风切变，若学员处置偏晚，ATC：前机复飞，反映五边有风切变
等待或备降	ATC：本场天气预计 20 min 后转好 机组评估决策，着陆后检查剩余燃油

9.2.5 FFS09（2 h）

1. 课程科目要点

（1）应急程序的处置。

（2）发动机参数的监控。

（3）MEL 的使用。

（4）参考备份仪表飞行。

<table>
<tr><td colspan="4">Call sigh：FTU3003　From　ZSPD To ZSFZ　Alternate：ZSAM
Airplane：</td></tr>
<tr><td>Route</td><td colspan="3">NXD A599 TOL A470 LJG</td></tr>
<tr><td>PIB</td><td colspan="3"></td></tr>
<tr><td rowspan="4">Weather Condition</td><td>ZSPD</td><td colspan="2">TAF ZSQD 012100Z 18003MPS CAVOK=
METAR ZSQD 020300Z VRB02MPS CB033 13/M13 Q1026 NOSIG=</td></tr>
<tr><td>ZSFZ</td><td colspan="2">TAF ZSFZ 020116Z 23004MPS CAVOK=
METAR ZYTX 020300Z 27005MPS 200V260 CAVOK 15/M10 Q1020 NOSIG=</td></tr>
<tr><td>ZSAM</td><td colspan="2">TAF ZSAM 012140Z25003MPS CAVOK=
METAR ZSJN 020300Z 34002MPS 300V360 9999 -RA OVC040 09/03 Q1026 NOSIG=</td></tr>
<tr><td></td><td colspan="2"></td></tr>
<tr><td>Departure Clearance</td><td colspan="3"></td></tr>
<tr><td rowspan="3">Cesnav DATA</td><td>Planning</td><td colspan="2">TOW：　Total Fuel：</td></tr>
<tr><td>Takeoff</td><td colspan="2">V1：　VR：　V2：　N1：</td></tr>
<tr><td>Landing</td><td colspan="2">Distance：　Vapp：　Vref：　N1：</td></tr>
<tr><td>Note</td><td colspan="3">防滞不工作
飞行前更换新电瓶</td></tr>
</table>

2. 学员 1

训练科目	教员指南
MEL 放行	指导学员使用 MEL
FMS 飞行计划输入/起飞简令	放置飞机在主滑行道等待，使用跑道 17R，完成滑行前准备
漏油	离场爬升设置漏油，若机组主动报告，ATC 指挥其飞至放油区，视情况执行发动机保护程序
升降舵配平卡阻	提醒学员完成飞行操纵检查
紧急撤离	着陆后收到客舱报告：客舱着火 指导学员完成记忆项目，口试可用应急设备

3. 学员 2

训练科目	教员指南
FMS 飞行计划输入/起飞简令	放置飞机在主滑行道等待，使用跑道 17R 号，完成滑行前准备
空中发动机失效（无损伤）	下降顶点前 100 NM 设置失效，引导学员完成重启
电瓶超温	进场下降时，设置电瓶超温，完成处置后，双 PFD 和 MFD 失效，使用跑道 21 号目视进近或者盲降

9.2.6 FFS010（2 h）

1. 课程概述

本课程是基于航线运行背景下的模拟机课程，学员执飞成都双流机场到兰州中川机场。

兰州航路地形复杂，多为山区，航路障碍物高且备降场较少，本课程主要考察学员面对高原航线遭遇释压或单发的处置。

2. 学员 1

<table>
<tr><td colspan="3">Call sigh：FTU3061 From ZUUU To ZLLL Alternate ：ZLXN ZLXY
Airplane：</td></tr>
<tr><td>Route</td><td colspan="2"></td></tr>
<tr><td>PIB</td><td colspan="2"></td></tr>
<tr><td rowspan="4">Weather Condition</td><td>ZUUU</td><td>METAR ZUUU 070030Z 00000MPS 2000 R02L/1300N R02R/1500N BR NSC 12/12 Q1020 BECMG TL0200 3200=
TAF ZUUU 062104Z 0700/0724 18003MPS 2000 BR SCT050 TX20/0707Z TN09/0700Z BECMG 0701/0702 5000=</td></tr>
<tr><td>ZLLL</td><td>METAR ZLLL 070000Z 00003MPS CAVOK 05/M00 Q1022 NOSIG=
TAF ZLLL 062106Z 0700/0724 19005MPS 6000 BKN046 TX12/0708Z TN00/0722Z=</td></tr>
<tr><td>ZLXN</td><td>METAR ZLXN 070000Z VRB01MPS 5000 BR SCT033 OVC100 03/02 Q1024 NOSIG=
TAF ZLXN 062107Z 0700/0724 31004MPS 2800 -SN BR SCT040 OVC100 TX09/0708Z TN00/0700Z BECMG 0705/0706 6000 BECMG 0710/0711 12005MPS=</td></tr>
<tr><td>ZLXY</td><td>METAR ZLXY 070000Z 05001MPS CAVOK 11/06 Q1018 NOSIG=
TAF ZLXY 062109Z 0700/0724 15003MPS 3000 HZ NSC TX23/0707Z TN07/0722Z=</td></tr>
<tr><td>Departure Clearance</td><td colspan="2"></td></tr>
<tr><td rowspan="3">Cesnav DATA</td><td>Planning</td><td>TOW： Total Fuel：</td></tr>
<tr><td>Takeoff</td><td>V1： VR： V2： N1：</td></tr>
<tr><td>Landing</td><td>Distance：Vapp：Vref：N1：</td></tr>
<tr><td>Note</td><td colspan="2">川内航路 CB</td></tr>
</table>

训练科目	教员指南
完成起飞简述	简述中涉及起飞左侧风影响
起飞风切变	了解预测型风切变探测和反应型风切变探测的原理、警告、程序。奖状（型号 CE-525）没有风切变探测系统
空中机动，绕飞雷雨	考虑气象雷达的使用和绕飞雷雨的规定，要求学员主动判断天气并提前申请绕飞，当绕飞方案被拒绝以后，机组能通过沟通申请其他方案
环境系统有烟雾或异味	在巡航过程中，接近临界点 CP 教员提醒机组有不明烟雾。而且烟雾仍然继续直至气源选择旋钮选择新鲜空气
释压	新鲜空气位会导致释压，机组根据实际情况决策执行的时机
紧急下降	紧急下降按需，考虑补充氧气的使用
雷达引导	为降低机组工作负荷，教员可考虑雷达引导

3. 学员 2

<table>
<tr><td colspan="3">Call sigh：FTU3062 From ZLLL To ZUUU Alternate ： ZUMY ZUNC
Airplane：</td></tr>
<tr><td>Route</td><td colspan="2"></td></tr>
<tr><td>PIB</td><td colspan="2"></td></tr>
<tr><td rowspan="4">Weather Condition</td><td>ZLLL</td><td>METAR ZLLL 070300Z 21005G10MPS CAVOK 07/M00 Q1022 NOSIG=
TAF ZLLL 062106Z 0700/0724 19005MPS 6000 BKN046 TX12/0708Z TN00/0722Z=</td></tr>
<tr><td>ZUUU</td><td>METAR ZUUU 062104Z 00000MPS 3000 BR NSC 15/12 Q1020=
TAF ZUUU 062104Z 0700/0724 18003MPS 2000 BR SCT050 TX20/0707Z TN09/0700Z BECMG 0701/0702 5000=</td></tr>
<tr><td>ZUMY</td><td>METAR ZUMY 070100Z VRB01MPS 2000 BR NSC 14/11 Q1020 NOSIG=
TAF ZUMY 062223Z 0700/0709 14003MPS 1500 BR SCT040 TX20/0707Z TN11/0700Z BECMG 0701/0702 3500=</td></tr>
<tr><td>ZUNC</td><td>METAR ZUNC 070100Z 06002MPS 010V090 8000 NSC 14/11 Q1020 NOSIG=
TAF ZUNC 070110Z 0703/0712 12003MPS 9999 SCT040 TX22/0708Z TN18/0712Z=</td></tr>
<tr><td>Departure Clearance</td><td colspan="2"></td></tr>
<tr><td rowspan="3">Cesnav DATA</td><td>Planning</td><td>TOW： Total Fuel：</td></tr>
<tr><td>Takeoff</td><td>V1： VR： V2： N1：</td></tr>
<tr><td>Landing</td><td>Distance： Vapp： Vref： N1：</td></tr>
<tr><td>Note</td><td colspan="2"></td></tr>
</table>

训练科目	教员指南
完成起飞简述	简述中涉及临界点 CP
起飞风切变	了解预测型风切变探测和反应型风 切变探测的原理、警告、程序。奖状没有风切变探测系统
单发	接近临界点设置单发。保持 VENR，报告管制。 考虑单发飘降越障策略，如有可能执行紧急重起一台发动机
雷达引导	考虑最低安全高度，教员可提供雷达引导
单发进近和着陆	强调机组分工和工作负荷管理
单发复飞	如课程时间允许，可加入起落架放不下等等效故障，训练单发复飞

9.2.7 FFS011（2 h）

1. 课程概述

本课程是基于航线运行背景下的模拟机课程，学员执飞成都双流机场到洛阳北郊机场。本课程主要考察学员面对系统关联性故障的处置以及备降的实施。

2. 学员 1

Call sigh：FTU3081 From ZUUU To ZHLY Alternate ：ZLXY ZHCC Airplane：		
Route		
PIB		
Weather Condition	ZUUU	METAR ZUUU 080000Z 05005MPS 3000 BR NSC 15/12 Q1020= TAF ZUUU 072200Z 0800/0824 18003MPS 2000 BR SCT050 TX20/0707Z TN09/0700Z BECMG 0701/0702 5000=
	ZHLY	METAR ZHLY 080200Z 21002MPS 100V270 5000 HZ NSC 18/07 Q1019 NOSIG= TAF ZHLY 080111Z 0703/0712 23004MPS 6000 NSC TX25/0707Z TN19/0712Z BECMG 0705/0706 15004MPS=
	ZLXY	METAR ZLXY 080000Z 05001MPS CAVOK 11/06 Q1018 NOSIG= TAF ZLXY 072100Z 0700/0724 15003MPS 3000 HZ NSC TX23/0707Z TN07/0722Z=
	ZHCC	METAR ZHCC 080200Z 18002MPS 130V230 7000 NSC 19/08 Q1019 NOSIG= TAF ZHCC 072101Z 0700/0724 18003MPS 7000 NSC TX24/0707Z TN10/0722Z=
Departure Clearance		
Cesnav DATA	Planning	TOW： Total Fuel：
	Takeoff	V1： VR： V2： N1：
	Landing	Distance：Vapp：Vref：N1：
Note		

训练科目	教员指南
完成起飞简述	简述中涉及起飞左侧风影响
侧风起飞	考虑起飞运行限制，奖状手册只有最大顺风分量 10 kt
TCAS TA	建议预先设置若干个飞机作为铺垫，在离场过程中意外触发 TCAS
颠簸	通过过渡高度以后，设置轻度或中度颠簸，观察学员对于颠簸的处置
积冰	报告颠簸后改变高度层，教员扮演管制建议机组爬升高度，设置云高，让机组在爬升过程中进云
右侧液压泄漏	在巡航过程中接近西安区域时，设置右侧液压故障，考察机组决策
左发喘振或失效	在完成下降和进近准备以后，教员根据实际情况设置左发的故障，主要目的为让学员意识到系统之间的关联。左发失效以后会导致双液压失效
喘振的处置	奖状没有喘振处置的程序，教员给予引导
发动机受损	根据发动机受损情况，机组交流不执行重新启动
保护性关车	完成保护性关车程序。做好单发进近和着陆的准备
双液压失效的处置	起落架放不下，襟翼不工作的进近和着陆
等待程序	机组如果主动报告，可加入等待程序
雷达引导	为降低机组工作负荷，教员可考虑雷达引导

3. 学员 2

<table>
<tr><td colspan="3">Call sigh：FTU3111 From ZUUU To ZHHH Alternate ：ZUCK ZGHA
Airplane：</td></tr>
<tr><td>Route</td><td colspan="2"></td></tr>
<tr><td>PIB</td><td colspan="2"></td></tr>
<tr><td rowspan="4">Weather Condition</td><td>ZUUU</td><td>METAR ZUUU 080000Z 05005MPS 3000 BR NSC 15/12 Q1020=
TAF ZUUU 072200Z 0800/0824 18003MPS 2000 BR SCT050 TX20/0707Z TN09/0700Z BECMG 0701/0702 5000=</td></tr>
<tr><td>ZHHH</td><td>METAR ZHHH 080200Z VRB01MPS 8000 NSC 20/08 Q1019 NOSIG=
TAF ZHHH 072103Z 0700/0724 08003MPS 4000 BR NSC TX22/0707Z TN11/0722Z=</td></tr>
<tr><td>ZUCK</td><td>METAR ZUCK 080200Z 13002MPS 100V170 4000 BR NSC 16/11 Q1021 NOSIG=
TAF ZUCK 072031Z 0700/0724 03003MPS 6000 BKN040 TX20/0707Z TN12/0722Z TEMPO 0718/0724 3500 -RA=</td></tr>
<tr><td>ZGHA</td><td>METAR ZGHA 080200Z VRB01MPS 6000 NSC 20/13 Q1020 NOSIG=
TAF ZGHA 080212Z 0706/0806 04004MPS 5000 BR SCT030 TX23/0707Z TN10/0722Z BECMG 0721/0722 2000 BECMG 0801/0802 5000=</td></tr>
<tr><td>Departure Clearance</td><td colspan="2"></td></tr>
<tr><td rowspan="3">Cesnav DATA</td><td>Planning</td><td>TOW： Total Fuel：</td></tr>
<tr><td>Takeoff</td><td>V1： VR： V2： N1：</td></tr>
<tr><td>Landing</td><td>Distance： Vapp： Vref： N1：</td></tr>
<tr><td>Note</td><td colspan="2"></td></tr>
</table>

训练科目	教员指南
完成起飞简述	简述中涉及起飞左侧风影响
侧风起飞	考虑起飞运行限制，奖状手册只有最大顺风分量 10 kt
TCAS TA	建议预先设置若干个飞机作为铺垫，在离场过程中意外触发 TCAS
颠簸	通过过渡高度以后，设置轻度或中度颠簸，观察学员对于颠簸的处置
积冰	报告颠簸后改变高度层，教员扮演管制建议机组爬升高度，设置云高，让机组在爬升过程中进云
左或右侧［后部 J-BOX（连接盒）中 225 安培限流器熔断］	在巡航过程中接近西安区域时，设置 AFT J-BOX LMT
左或右发失效	教员根据实际情况设置左或右发的故障，主要目的为让学员意识到系统之间的关联。发动机失效以后将失去左或右扩展汇流条和相关汇流条供电
发动机受损	根据发动机受损情况，机组交流不执行重新启动
保护性关车	完成保护性关车程序。做好单发进近和着陆的准备
等待程序	机组如果主动报告，可加入等待程序
雷达引导	为降低机组工作负荷，教员可考虑雷达引导

9.2.8 FFS12（1 h）

1. 进入条件

学员按要求完成情景训练模块。

2. 课程概述

帮助学员提升操作重型机所需的技术，体验全行程操作输入，体验各力距对飞机状态的影响。通过实际操作和飞机反馈，让学员理解“上反角效应”“小心使用方向舵”等技术要点的含义。

训练时，教员需要防止学员进行往复循环操作。

3. 课程目标

（1）掌握并合理运用飞机的空气动力学特性。

（2）掌握进阶的飞机操作技巧。

（3）帮助学员区分重型机和训练机型操作上的不同。

（4）理解低空、高空运行的区别，明白在包线内运行的重要性。
（5）建立学员对自身操作技术的信心。

4. 完成标准

（1）能够安全的操纵飞机进行机动。
（2）能够及时正确的判断飞机状态，并执行坚决果断的操作动作。

5. 航　路

无。

6. 性　能

标准飞机重量平衡参数。

7. 天　气

标准天气条件。

8. 放行许可

无。

9. 开飞前

高度 3 000 ft，建立进近速度和构型（放起落架之前）。

10. 实施细则

1）压满盘的滚转速率
60°坡度。
盘中立。
快速反向建立 60°坡度。
盘中立。
恢复平飞，保持高度和空速。
注：教员需要防止学员进行往复循环操作。
2）方向舵产生的滚转速率
使用方向舵产生 15°坡度。

舵中立。

迅速反向建立 15°坡度。

舵中立。

恢复平飞，保持高度和空速。

注：教员需要防止学员进行往复循环操作；让学员用盘仅控制俯仰；让学员关注机头偏转和坡度延迟；观察不同舵量产生的滚转速率不同。

3）仅使用配平改变俯仰

调整俯仰配平让飞机抬头或低头，注意俯仰变化速率和杆力。

注：俯仰变化慢，是因为配平转动较慢；在升降舵大量偏转后杆力会变得很大；低速或高速飞行时，升降舵操纵效应可能不足以让飞机恢复稳定。

4）仅使用推力调整改变俯仰

从稳定的推力设置迅速增大到最大可用推力，注意低速时的俯仰变化。

从稳定的推力迅速减小推力至慢车。

注：吊装在机翼下方的发动机会让飞机明显抬头，低速时很明显，高速时不明显。

5）使用减速板时的俯仰变化

稳定飞行时放出减速板。

注：通常飞机会抬头，高速时更加明显。

6）自驾接通时不对称推力产生的方向偏转和由此引起的滚转

稳定飞机状态，自驾接通，迅速减小一发推力至慢车，注意方向偏转和滚转。

注：自动驾驶仪尝试控制滚转时飞机的速度会衰减，注意断开自驾后的操纵力变化。

7）不对称推力产生的方向偏转和由此引起的滚转（无自驾）

稳定飞机状态，迅速减小一发推力至慢车，坡度达到 30°时改出。

注：无自驾吋飞机能快速产生滚转。

8）临近失速改出——仅控制俯仰

稳定状态，减小推力并保持高度直至抖杆或飞机抖震，仅控制俯仰改出并保持进入时的空速。

注：体会控制 AOA 以改出的重要性以及改出时的姿态和高度损失。

11. 常见问题

学员：

（1）往复循环的操作输入造成飞机振荡。

（2）过量操纵方向舵。

（3）没有使用配平消除过量的杆力。

（4）操纵过于柔和。

（5）不敢使用全行程操作输入。

9.2.9　FL 01（15 h）——转场飞行

1. 进入条件

学员完成所有地面课程和模拟机课程。

2. 课程要求

（1）学员空中时间不得少于总飞行时间的 80%。
（2）学员作为 PF 着陆全停次数不少于 4 次。
（3）15 h 必须是转场飞行训练。

3. 完成标准

（1）正确实施安全程序和使用检查单。
（2）能够保持情景意识，作出合理决策。
（3）能熟练实施基本仪表飞行和仪表航路飞行程序。
（4）具备在地面和空中熟练操纵飞机的技术。
（5）能够熟练实施无线电导航和进近程序。
（6）能够正确使用自动驾驶。

4. 实施细则

训练内容：
（1）驾驶舱准备。
（2）发动机启动。
（3）起飞简述。
（4）起飞。
（5）标准仪表离场。
（6）改平飞。
（7）空中定位。
（8）自动驾驶的使用。
（9）航路飞行。
（10）正常/应急程序，记忆项目。
① 增压系统。
② 引气。
③ 空调。

（11）下降。
（12）进近简述。
（13）加入进近。
（14）着陆连续。
（15）着陆。
（16）停机和关车。
（17）飞行后程序。
（18）过站程序（加油，过站放行手续，获取航行情报和气象资料，停机安全）。

注：以上训练内容为推荐的训练内容，在满足课程概述要求的前提下，可以选择FL02课的训练内容或经高性能主任教员批准的其他训练内容。

9.2.10　FL 02（10 h）——综合课

1. 进入条件

学员完成 FL 01 的训练。

2. 课程要求

（1）学员空中时间不得少于总飞行时间的 80%。
（2）学员作为 PF 着陆全停次数不少于 2 次。
（3）如果执行非转场训练，学员每小时需作为 PF 执行至少 1 次着陆全停。

3. 完成标准

（1）正确实施安全程序和使用检查单。
（2）能熟练实施基本仪表飞行程序。
（3）具备相应的在地面和空中操纵飞机的技术。
（4）能够正确使用自动驾驶设备。

4. 实施细则

训练内容：
（1）驾驶舱准备。
（2）发动机启动。
（3）起飞简述。
（4）起飞。
（5）标准仪表离场和上升。
（6）改平飞。

（7）空中定位。

（8）俯仰姿态和油门控制。

（9）改变空速和飞机形态。

（10）转弯，上升和下降。

（11）空域飞行。

① 大坡度盘旋。

② 小速度机动飞行。

（12）下降。

（13）进近简述。

（14）ILS 进近，不带指引（1 次）。

（15）着陆连续。

（16）目视进近。

（17）着陆。

（18）停机和关车。

（19）飞行后程序。

注："训练内容"中安排的项目和内容实施顺序只是指导性的，可以根据实际情况进行调整。

9.2.11　FFS 13（2 h）

1. 进入条件

学员完成所有地面课程、模拟机课程和飞机训练课程，未达标的科目已经完成相应的补充训练。

2. 课程目标

检查学员是否满足高性能多发飞机训练对知识技能和态度的要求。

3. 工完成标准

达到 AC-141-02R2《高性能多发飞机训练要求》所列出的标准。

详情见大纲附件 3"高性能飞机训练考试标准"及附件 4"高性能飞行考试容许误差"。

附件 1　CE-525 等效故障清单

	急迫性	复杂性	航空器控制能力下降	仪表设备失效	后果管理
起飞中发动机失效 V1 前	M				
起飞中发动机失效 V1 或 V1 后	M		L		
起飞中发动机火警	H				
起飞中主警告	M				
进近中发动机失效		M	L		
左或右 ENG FIRE	H				M
紧急重新启动——一台发动机		M	L		
紧急重新启动—两台发动机	H	M	M		
最大滑翔—紧急着陆			M		
低滑油压力指示（红色指针和数字、OIL PRESS 警告灯熄灭）			L		M
左或右 OIL PRESS（低滑油压力警告）			L		M
地面关车时 ITT 持续高温	H				
左或右 FUEL LOW PRESS（燃油压力低）					L
左或右 FUEL LOW LEVEL（低燃油量）					M
左或右 FUEL FLTR BYPASS（燃油滤旁通）					M
无滑油压力指示（无指针显示）		L			M
主飞行操纵钢索失效的着陆			H		
单发进近和着陆		L	L		
单发复飞		L	L		
襟翼不工作的进近和着陆（不在着陆位）		L	L		
FLAPS>35°（襟翼大于 35°）		M	L		L
电气起火或烟雾	H	H		M	M
BATT O’TEMP（电瓶超温）	L	M			L

续表

	急迫性	复杂性	航空器控制能力下降	仪表设备失效	后果管理
左和右 GEN OFF（双发电机失效）		M	L	M	
AFT J-BOX LMT［后部 J-BOX（连接盒）中 225 安培限流器熔断］					L
座舱超压		L			M
座舱增压控制器失效	L	L			L
CAB ALT 10 000 ft（座舱高度）	H	M			M
紧急下降	M				L
环境系统有烟雾或异味	M	H			M
排烟	H	M			M
左或右 BLD AIR O'HEAT（引气过热）	L				
AIR DUCT O'HEAT（环境系统管道过热）	L	L			
环境系统座舱过热	L	M			L
电动升降舵配平失控	M		L		
电动升降舵配平不工作				L	
升降舵配平片卡阻		M		L	M
两个 PFD 上都显示琥珀色的 AP、红色的 ATT 和白色的 XAHS（双 AHRS 姿态失效）				M	
其中一个 PFD 显示琥珀色的 AP、红色的 ATT 和白色的 XAHS（单 AHRS 姿态失效）				L	
两个 PFD 都显示琥珀色的 AP、红色的 HDG 和白色的 XAHS（双 AHRS 航向失效）				M	
其中一个 PFD 显示琥珀色的 AP、红色的 HDG 和白色的 XAHS（单 AHRS 航向失效）				L	
白色的 ATT/HDGALIGNING（飞行中 AHRS 校准）				L	
两个 PFD 都显示红色的 IAS/ALT/VS（两个大气数据计算机失效）				M	L
其中一个 PFD 显示红色 IAS/ALT/VS（单个大气数据计算机失效）				L	L
白色的 XAHS 或 XADC（比较器监控警告失效）				L	
琥珀色的 ROL、PIT、ATT、HDG、ALT、IAS（比较器监控警告）				L	
左侧 PFD 无显示（左侧 PFD 失效）				L	
右侧 PFD 无显示（右侧 PFD 失效）				L	
MFD 无显示（MFD 失效）				L	

续表

	急迫性	复杂性	航空器控制能力下降	仪表设备失效	后果管理
PFD 和 MFD 无显示（双 PFD 和 MFD 失效）				M	
起落架放不下		M			
起落架收不上（GEAR UNLOCK 信号灯保持亮）		L			
左 和/或 右 HYD FLOW LOW（液压流量低）		L			M
PWR BRK LOW PRESS 和 ANTISKID INOP（动力刹车系统失效）			L		L
机轮刹车失效			L		
HYD PRESS ON（液压系统压力咨询灯亮，系统循环完成后，液压系统继续增压）		M			M
左 和/或 右 ATTEN UNLOCK 咨询灯亮（减推板未锁上）			L		L
ATTEN STOW SELECTED 咨询灯亮，并伴随主警戒		L			
ANTISKID INOP（防滞系统失效）			L		M
防滞系统失效的放行（ANTISKID INOP 警戒灯亮，并伴随主警戒，PWR BRK LOW PRESS 警戒灯熄灭）		L	L		M
减推板收起时的放行（ATTN STOW SELECTED 咨询灯亮）		L			M
左或右 ENG ANTI-ICE（发动机防冰失效）					L
左或右 WING ANTI-ICE（机翼防冰温度偏低或超温）		L			L
左或右 TAIL DE-ICE（尾翼除冰计时器失效，TAIL DE-ICE 灯不亮或者持续循环）		L			M
左或右 P/S HTR OFF（全静压加温失效）					L
AOA HTR FAIL（迎角传感器加温失效）					L
意外结冰	L		M		M
严重结冰	H		H		H
DOOR NOT LOCKED（座舱，前或后行李门未锁好）			L		L
AUDIO FAIL（音频警告失效）					L
紧急撤离	M	L			

注：

（1）故障特征中的严重程度用高（H）中（M）低（L）表示；

（2）本表格未包含全部的故障情况，可视情况调整故障选项；

（3）强烈建议实施严重程度高（H）的故障前，给受训人相应的材料（例如重要天气报、航行通告、飞机记录本）或提示（例如 ATC 提醒），让受训人有机会进行威胁与差错管理；

（4）不建议同一场模拟机训练中设置包含严重程度高（H）的多个故障；

（5）表格内故障的严重程度与外界环境、运行种类无关，应避免故障和环境的困难叠加

附件 2　等效进近方法

推荐的分类方法

组类一	ILS/DME、RNP AR、APV（LNAV + VNAV）、PA
组类二	LOC、NPA（LNAV）、VOR/DME、NDB/DME、NDB、目视直线进近
组类三	盘旋进近、目视起落航线
注： 此分类仅从机组实施该类进近所需熟练程度考虑，训练中可使用同一组类中的进近类别代替该组其余进近类别的练习，这样的练习效果被认为是等效的。 然而，即便处于同一组类，不同的进近类别仍需要机组具备相应的知识和操作程序。因此，进近类别的类同性不适用于知识和程序的教学	

附件 3　高性能飞行考试容许误差

高性能飞行考试容许误差

飞行阶段	限制
正常飞行	±100 ft
模拟发动机失效	±100 ft
受限或局部仪表	±200 ft
开始复飞的决断高度/决断高	+50/−0 ft （一台发动机失效 +100/−0 ft）
最低下降高度/最低下降高	+50/−0 ft （一台发动机失效 +100/−0 ft）
使用无线电导航设备	±5°
精密进近	航向道和下滑道半满刻度
沿 DME 弧飞行	±1 NM
双发工作	±5°
模拟发动机失效	±10°
受限或局部仪表	±15°
起飞/Vr	+5/−0 kt
爬升和进近	±5 kt
Vat / Vref	+5/−0 kt
巡航	±5 kt
受限或局部仪表	±10 kt
模拟发动机失效	−2 kt
Vyse / V2	±5 kt
任何其他阶段最大空速误差	±10 kt

附件 4　高性能飞机训练考试工作单

<table>
<tr><td colspan="3">姓　名</td><td colspan="2">驾驶员执照编号</td></tr>
<tr><td colspan="5">飞行学校</td></tr>
<tr><td colspan="5">考试起止日期　年　月　日至　年　月　日地点</td></tr>
<tr><td colspan="5">所用机型 航空器型号
如使用飞机 飞机注册号
如使用模拟机 CAAC 模拟机编号　级别</td></tr>
<tr><td colspan="3" rowspan="2">考试项目</td><td colspan="2">结论</td></tr>
<tr><td>通过</td><td>未通过</td></tr>
<tr><td rowspan="13">离场</td><td>1.</td><td>飞行前准备</td><td></td><td></td></tr>
<tr><td>1.1</td><td>文件</td><td></td><td></td></tr>
<tr><td>1.2</td><td>重量与平衡</td><td></td><td></td></tr>
<tr><td>1.3</td><td>气象信息</td><td></td><td></td></tr>
<tr><td>1.4</td><td>飞行计划</td><td></td><td></td></tr>
<tr><td>2.</td><td>开车前检查—外部检查和内部检查</td><td></td><td></td></tr>
<tr><td>3.</td><td>发动机起动—正常和故障</td><td></td><td></td></tr>
<tr><td>4.</td><td>滑行</td><td></td><td></td></tr>
<tr><td>5.</td><td>起飞前检查—发动机试车</td><td></td><td></td></tr>
<tr><td>6.</td><td>起飞程序—模拟仪表气象条件</td><td></td><td></td></tr>
<tr><td>6.1</td><td>侧风（若天气允许）</td><td></td><td></td></tr>
<tr><td>6.2</td><td>模拟 V1 速度后发动机失效</td><td></td><td></td></tr>
<tr><td>7.</td><td>离场 ATC 通信</td><td></td><td></td></tr>
<tr><td rowspan="7">仪表飞行</td><td>1.</td><td>仪表离场</td><td></td><td></td></tr>
<tr><td>2.</td><td>航路仪表飞行—切入径向线</td><td></td><td></td></tr>
<tr><td>3.</td><td>等待程序</td><td></td><td></td></tr>
<tr><td>4.</td><td>ILS 进近至 DH/A 200 英尺后复飞</td><td></td><td></td></tr>
<tr><td>5.</td><td>非精密进近至 MDH/A 和 MAP—复飞</td><td></td><td></td></tr>
<tr><td>6.</td><td>防冰程序</td><td></td><td></td></tr>
<tr><td>7.</td><td>管制联络—服从，无线电通话程序</td><td></td><td></td></tr>
</table>

续表

进场和着陆	1.	进场程序		
	2.	正常 ILS 进近和着陆		
	3.	非精密进近和着陆		
	4.	正常着陆-目视		
	5.	最低高度复飞		
	6.	夜航复飞和着陆（按需）		
	7.	管制联络—服从，无线电通话程序		
非正常和紧急程序	1.	模拟紧急情况（系统故障，按需）		
	2.	模拟一台发动机失效执行人工操作 ILS 进近		
	3.	模拟一台发动机失效进近和复飞		
	4.	模拟一台发动机失效进近和全停着陆		
	5.	管制联络—服从，无线电通话程序		
机组资源管理	1.	基础知识		
	2.	交流		
	3.	领导能力与团队协作		
	4.	情景意识		
	5.	工作负荷管理		

检查员评语及结论

评语：

结论：

检查员执照编号　　　签字　　　　　日期

注：每项动作在结论“通过”或“未通过”处打“√”。

附件 5　地面课程清单

2020 年		
阶段一　通用基础理论		
AC-141-2017-FS-02R2 要求的航空知识学习内容	在《中国民用航空飞行学院飞行技术专业本科人才培养方案》中已完成的航空知识学习	学时
航空公司运行		
CCAR-121 规章（或培训所在国相应的运行规章）	《民用航空法规》第七章　第五节　CCAR-121	2
航空公司基本运行程序介绍	《航空公司运行程序》	16
国际航线运行知识	《杰普逊航图与导航数据库》 《民用航空法规》第二章《国际民用航空公约》体系；第三章　航空法规主管机构；第四章　华沙体制、航空刑法体系；第五章　航空器国籍登记及适航管理	10
合计要求：20		合计完成：28
高空飞行知识		
高空飞行环境	《飞行中人的因素》第三章　飞行环境对飞行员的影响	2
高空天气	《航空气象》第七章　高空飞行气象环境	4
飞行计划和航行	《重量平衡与飞行计划》下篇　飞行计划	4
高空生理知识	《航空医学》	2
高空系统和组件	《飞机系统》第七章　飞机气源系统；第八章　飞机座舱环境控制系统；第九章　飞机氧气系统	4
高空空气动力和性能因素	《飞行原理》第十章　高速空气动力学基础	4
合计要求：20		合计完成：20
高性能多发飞机机型理论知识		
重量与平衡	《重量平衡与飞行计划》上篇　重量平衡	4
飞机系统和部件	《飞机系统》第一章　绪论	1
燃油和滑油系统	《飞机系统》第六章　飞机燃油系统	2
动力装置	《航空燃气涡轮动力装置》	44
电源系统	《民航飞机电子电气系统》上篇　飞机电气系统第三章　飞机电源系统	4

续表

液压系统	《飞机系统》第三章 飞机液压系统	4
起落架和刹车	《飞机系统》第五章 飞机起落架系统	4
气源系统	《飞机系统》第七章 飞机气源系统	4
环境系统	《飞机系统》第八章 飞机座舱环境控制系统	4
飞行操纵	《飞机系统》第四章 飞机飞行操纵系统	4
防雨防冰	《飞机系统》第十一章 飞机除/防冰与风挡排雨系统	2
防火和防过热	《飞机系统》第十章 飞机防火系统	2
飞行仪表	《民航飞机电子电气系统》下篇 航空仪表	4
导航设备和显示系统	《空中领航学》第六章 无线电领航	4
自动飞行系统	《民航运输机航空电子系统》第六章 自动飞行控制系统	4
通信设备	《民航飞机电子电气系统》中篇 飞机通信系统	4
飞行动作和显示系统	《民用运输机航空电子系统》第五章 电子仪表系统	4
导航系统的使用正常和非正常飞行运行	《空中领航学》第六章无线电领航,《现代导航技术与方法》	4
合计要求：64		合计完成：103
多机组成员协作理论知识		
界面—因为软件，硬件，环境和人等因素搭配不当的实际例子	《飞行中人的因素》 《高性能飞机/机组配合训练理论》	82
领导能力/“服从能力”和威信		
个性、态度和动机 —倾听		
飞行期间有效、清楚的沟通		
合计要求：25		合计完成：82
中飞院飞行学员进入高性能多发飞机训练课程之前已完成 237 学时（折合 177.75 h）航空知识学习，没有在中飞院接受相关航空知识训练的学员仍需完成 129 h 的理论课程学习		
2020 年		
阶段二 特定机型理论		
根据 AC-141-2017-FS-02R2 要求的航空知识学习内容 针对课程对应的特定机型，集中学习相关飞机系统理论		小时
概述与限制		2
电气系统		3
灯光系统		2
警告系统		2
燃油系统		2

续表

动力装置	2
防火系统	2
引气系统	3
防冰排雨	3
环境系统	3
增压系统	3
液压系统	3
起落架系统	3
飞行操纵系统	2
航电	3
氧气系统	2
	合计完成：40
2020 年	
阶段三　程序与运行	
根据 AC-141-2017-FS-02R2 要求的航空知识学习内容 针对课程对应的特定机型，学习飞行程序与运行相关知识	小时
一般运行科目	1
飞机和运行限制介绍	1
不利天气下的常规做法	2
空气动力特性、性能和最低设备清单	1
航空器特定的应急训练	2
应急设备	0.5
非正常和应急程序	1
系统综合训练	2（可选 FTD）
驾驶舱熟悉和检查单使用	1
飞行运行和自动飞行系统的使用	1
高空应急程序	1
正常和非正常飞行运行	1
	合计完成：14.5

附件 6　复杂状态改出训练

附 6.1　复杂状态改出基础练习——CE-525（1 h）

1. 课程概述

帮助学员提升操作重型机所需的技术，体验全行程操作输入，体验各力距对飞机状态的影响。通过实际操作和飞机反馈，让学员理解“上反角效应”“小心使用方向舵”等技术要点的含义。

训练时，教员需要防止学员进行往复循环操作。

2. 课程目标

（1）掌握并合理运用飞机的空气动力学特性。
（2）掌握进阶的飞机操作技巧。
（3）帮助学员区分重型机和训练机型操作上的不同。
（4）理解低空、高空运行的区别，明白在包线内运行的重要性。
（5）建立学员对自身操作技术的信心。

3. 完成标准

（1）能够安全的操纵飞机进行机动。
（2）能够及时正确的判断飞机状态，并执行坚决果断的操作动作。

4. 航　路

无。

5. 性　能

标准飞机重量平衡参数。

6. 天　气

标准天气条件。

7. 放行许可

无。

8. 开飞前

高度 3 000 ft，建立进近速度和构型（放起落架之前）。

9. 实施细则

1）压满盘的滚转速率

60°坡度。

盘中立。

快速反向建立 60°坡度。

盘中立。

恢复平飞，保持高度和空速。

注：教员需要防止学员进行往复循环操作。

2）方向舵产生的滚转速率

使用方向舵产生 15°坡度。

舵中立。

迅速反向建立 15°坡度。

舵中立。

恢复平飞，保持高度和空速。

注：教员需要防止学员进行往复循环操作；让学员用盘仪控制俯仰；让学员关注机头偏转和坡度延迟；观察不同舵量产生的滚转速率不同。

3）仅使用配平改变俯仰

调整俯仰配平让飞机抬头或低头，注意俯仰变化速率和杆力。

注：俯仰变化慢，是因为配平转动较慢；在升降舵大量偏转后杆力会变得很大；低速或高速飞行时，升降舵操纵效应可能不足以让飞机恢复稳定。

4）仅使用推力调整改变俯仰

从稳定的推力设置迅速增大到最大可用推力，注意低速时的俯仰变化。

从稳定的推力迅速减小推力至慢车。

注：吊装在机翼下方的发动机会让飞机明显抬头，低速时很明显，高速时不明显。

5）使用减速板时的俯仰变化

稳定飞行时放出减速板。

注：通常飞机会抬头，高速时更加明显。

6）自驾接通时不对称推力产生的方向偏转和由此引起的滚转

稳定飞机状态，自驾接通，迅速减小一发推力至慢车，注意方向偏转和滚转。

注：自动驾驶仪尝试控制滚转时飞机速度会衰减，注意断开自驾后的操纵力变化。

7）不对称推力产生的方向偏转和由此引起的滚转（无自驾）

稳定飞机状态，迅速减小一发推力至慢车，坡度达到 30°时改出。

注：无自驾时飞机能快速产生滚转。

8）临近失速改出——仅控制俯仰

稳定状态，减小推力并保持高度直至抖杆或飞机抖震，仅控制俯仰改出并保持进入时的空速。

注：体会控制 AOA 以改出的重要性以及改出时的姿态和高度损失。

10. 常见问题

学员：

（1）往复循环的操作输入造成飞机振荡。

（2）过量操纵方向舵。

（3）没有使用配平消除过量的杆力。

（4）操纵过于柔和。

（5）不敢使用全行程操作输入。

附 6.2　涡轮螺旋桨飞机复杂状态改出——MA600（1 h）

1. 概　述

MA600 UPRT 大纲基于 ICAO 文件 10011，与 TEM 紧密联系，重点阐述了复杂状态预防的重要性，同时提供了复杂状态的改出技术指导。

2. 训练目标

（1）获得识别和避免复杂状态的知识。

（2）学习采取适当及时的措施以防止更大的飞行偏离。

（3）掌握基本的空气动力学。

（4）学习复杂状态的改出技术。

3. 组成部分说明

MA600 UPRT 大纲由地面课和模拟机课组成，地面课内容涉及 8 个章节，包含了一个视频自学章节以回顾前 7 章学习内容。地面课结束后学员需要完成测试（具体答案参阅 AUPT Rev02），合格后才能进入模拟机训练。模拟机课涉及 3 课：FTD1 机动训练，FTD2 复杂状态改出训练和 FTD3 基于能力的 UPRT。模拟机课的重点在 FTD1 机动训练和 FTD2 复杂状态改出训练，而不是全面的基于胜任力的培训，所以学员应该更多倾向本大纲相关的胜任力。在 FTD3 基于能力的 UPRT 方面，学员更多应该体验和学习航线过程中飞机进入复杂状态的可能性，并运用之前课程学习的知识和技能，识别和避免飞机进入复杂状态。完整的航线训练在 FTD3 基于能力的 UPRT 中显得没有那么重要了。在模拟机课训练结束后，大纲没有设置常规的考察和评价，需要在飞行后讲评中为学员指出知识和技能的不足，尤其是相关的 3 项胜任力，以及之后飞行中如何提高相关的胜任力，警觉学员认识到自身的不足，指出良好的作风，态度可以帮助学员解决自身问题。

4. UPRT MA600 地面课内容

（1）介绍。

（2）AUPRTA 目标。

（3）飞机复杂状态的定义。

（4）监控（飞安《提升飞行监控品质的指导》）。

（5）飞机复杂状态的原因。

① 环境因素。

② 系统异常因素。

③ 飞行员因素。

④ 飞机自动化使用不当。

（6）飞行基础知识。

① 飞行力学。

② 能量状态。

③ 气动飞行包线。

④ 空气动力学。

⑤ 飞机性能。

⑥ 积冰。

⑦ 自动化。

⑧ 发动机熄火。

（7）飞机复杂状态的改出。

（8）视频自学 1 h（含两个英文视频）。

（9）学员测试。

① 引起飞机复杂状态的最主要原因是

a. 环境因素。

b. 飞机系统异常。

c. 飞行员因素。

答案：a（2.4.1 节）

② 绝大多数由环境因素引起的多发涡喷飞机失控事故征候是因为

a. 微下击暴流。

b. 风切变。

c. 飞机结冰。

d. 尾流。

答案：d（2.4.1 节）

③ 现代飞机技术减少飞行机组工作负担。因此，当开始从飞机复杂状态改出时，飞行员应

a. 证实自动驾驶和自动油门仍接通。

b. 接通自动驾驶和自动油门，如果是断开的。

c. 断开自动驾驶和自动油门以减小自动化水平。

d. 询问另一名驾驶员“飞机现在在做什么？”

答案：c（2.4.4 节）

④ 下列关于能量的说法正确的是

a. 动能随速度增加而减小。

b. 势能与速度基本成比例。

c. 化学能在飞行中保持不变。

d. 动能可与势能转换，势能也可与动能转换。

答案：d（2.5.2 节）

⑤ 飞机机动飞行的目标是管理能量，因此，

a. 动能保持在限制内（失速和标牌）。

b. 势能保持在限制内（距抖振高度的地形）。

c. 化学能保持在特定门限值以上（不要耗尽燃油）。

d. 以上全部。

答案：d（2.5.2 节）

⑥ 飞机迎角是飞机纵轴与迎面气流之间的夹角。

a. 正确。

b. 错误。

答案：a（2.5.5.1 节）

⑦ 超过临界迎角，翼面将失速，升力将减小而不是增加。这是正确的：

a. 除非飞机处于机头下俯的姿态。

b. 只有空速低时。

c. 只有在飞机处于机头上仰姿态时。

d. 与飞机速度或高度无关。

答案：d（2.5.5.1 节）

⑧ 机翼失速迎角随马赫数_____而减小。

a. 减小。

b. 增加。

答案：b（2.5.5.1 节）

⑨ 飞机失速速度公布在经批准的各机型飞行手册中。这些速度是飞机重量的函数。因此，如果飞行员保持空速高于所列的飞机重量对应速度，飞机不会失速。

a. 正确。

b. 错误。

答案：b（2.5.5.1 节）

⑩ 副翼大量地向下偏转，

a. 可导致气流从大迎角机翼部分分离。

b. 当从飞机复杂状态改出时，不应使用。

c. 在大迎角时更有效。

答案：a（2.5.5.3 节）

⑪ 上反角是飞机横轴与穿过机翼中心的线之间形成的正角。下列哪个说法不正确？

a. 上反角有助于飞机的横向稳定性。

b. 当描述后掠翼和方向舵在横向稳定性的作用时，使用术语“上反效应”。

c. 具有上反角的机翼将在侧滑中产生稳定的横滚力矩。

d. 如果相对风来自飞机侧面，且飞机具有上反效应设计的机翼，迎风机翼升力减小。

答案：d（2.5.5.4.2 节）

⑫ 现代喷气运输飞机上的方向舵通常设计成

a. 在从失速改出中产生大侧滑的能力。

b. 抵消与低起飞速度发动机失效相关的偏航力矩。

c. 抵消副翼和扰流板产生的横滚力矩。

答案：b（2.5.5.4.3 节）

⑬ 当飞机已处于高速时，如果允许增加马赫数，将发生什么？

a. 流过飞机某些部位的气流开始超过音速。

b. 激波会导致局部气流分离。

c. 会发生上仰、下俯或抖振等特征。

d. 以上全部。

答案：d（2.5.5.5 节）

⑭ 正静稳定性定义为受干扰后返回初始未受干扰状态的初始趋势。

a. 正确。

b. 错误。

答案：a（2.5.5.6 节）

⑮ 围绕飞机横轴的运动称作

a. 偏航。

b. 横滚。

c. 俯仰。

d. 侧滑。

答案：c（2.5.5.7 节）

⑯ 下列说法始终正确的是？

a. 重力与飞机纵轴成 90°。

b. 升力必须始终对准重心。

c. 重力始终指向地球中心。

d. 飞行中重心不变。

答案：c（2.5.5.7 节）

⑰ 如果发动机没有正对飞机重心，发动机推力改变将

a. 对俯仰力矩无影响。

b. 伴有俯仰力矩变化。

答案：b（2.5.5.7 节）

⑱ 在坡度转弯中为保持高度，飞机产生的升力必须：

a. 大于飞机重力，并且其大小为坡度函数。

b. 大于飞机重力，并且其大小为高度函数。

c. 等于飞机重力。

答案：a（2.5.5.7 节）

⑲ 水平机动中，副翼和扰流板有效性：

a. 随迎角增加而增加。

b. 随迎角增加而减小。

c. 是飞机绕垂直轴惯性的函数。

答案：b（2.5.5.9 节）

⑳ 水平机动中，副翼和扰流板有效性：

a. 上偏升降舵的影响是使转弯变小。

b. 在开始大的俯仰机动前，坡度应减小至接近水平。

c. 升力矢量应偏离重力矢量。

d. 以上全部。

e. a 和 b。

答案：d（2.5.5.8 节）

㉑ 如果飞行员在正常对称飞机状态满舵输入，将导致非常大的侧滑角和大的结构载荷。

a. 正确。

b. 错误。

答案：a（2.5.5.10 节）

㉒ 垂直轴稳定性倾向消除侧滑角。现代喷气运输飞机在垂直轴上最具动态稳定性的是

a. 垂尾。

b. 方向舵。

c. 稳定增强系统/偏航阻尼器。

d. 飞行员横滚输入。

答案：c（2.5.5.10 节）

㉓ 飞机上作用的气动力不足（飞机失速）时，其轨迹将呈弹道，且可能飞行员难以指令姿态变化，直至：

a. 使用全部机头上仰升降舵。

b. 使用方向舵满舵输入。

c. 迎角减小时，作用在飞机上的重力产生足够的速度。

d. 达到更低的高度。

答案：c（2.5.5.11 节）

㉔ 在超过高速限制的情况中，改出动作应小心迅速，且可能包括

a. 使升力矢量偏离重力矢量。

b. 减小推力。

c. 增加阻力。

d. 以上全部。

答案：d（2.5.5.11 节）

㉕ 下列关于改出飞机复杂状态的说法正确的是？

a. 动作正确及时。

b. 应先改出再查找复杂状态原因。

c. 重新获得并保持飞机操纵是最重要的。

d. 以上全部。

答案：d（2.6.1 节）

㉖ 一个好的飞机复杂状态分析过程包括

a. 观察坡度指示器。

b. 确定俯仰姿态。

c. 参考其他指示器证实姿态。

d. 评估飞机能量。

e. 以上全部。

答案：e（2.6.1 节）

㉗ 从飞机复杂状态改出中，

a. 飞行员必须非常小心保持至少 1g 过载。

b. 高度应始终保持。

c. 从一架飞机上的训练和经验总是可转换到其他飞机上。

d. 飞行员必须准备使用全部操纵效能。

答案：d（2.6.6.2、3、5 节）

㉘ 失速始终伴随着持续失速警告，其特征是
a. 抖振，可能很严重。
b. 俯仰效能不足。
c. 横滚效能不足。
d. 无法阻止下降率。
e. 以上全部。
答案：e（2.6.3 节）
㉙ 下列哪种说法是正确的？
a. 失速是可控的状态。
b. 接近失速警告是不可控状态。
c. 从接近失速警告改出与从失速中改出一样。
d. 为从机头下俯的失速中改出，必须减小迎角。
答案：d（2.6.3 节）
㉚ 当开始实施推荐的飞机复杂状态改出技术时，前两项技术是
a. 保持高度并使用额外推力。
b. 减小迎角并完成机翼水平机动飞行。
c. 识别并证实情况，断开自动驾驶和自动油门。
d. 确定失效，并断开自动驾驶和自动油门。
答案：c（2.6.3.1、2、3 节）
㉛ 在机头上仰、机翼水平的飞机复杂状态中，完成前两项推荐技术后：
a. 使用满偏升降舵使机头向下，并考虑配平以消除一些操纵力。
b. 立即横滚进入 60°坡度。
c. 保持至少 1 g 过载。
d. 立即建立侧滑以保持至少 1 g 过载。
答案：a（2.6.3.1 节）
㉜ 在机头上仰、机翼水平的飞机复杂状态中，当使用横滚无效而决定使用方向舵时，
a. 仅使用小量。
b. 使用方向舵不要太快。
c. 不要保持使用方向舵太久。
d. 不正确使用方向舵可能导致失去水平和方向控制。
e. 由于处于低能量状态，必须特别小心。
f. 以上全部。
答案：f（2.6.3.1 节）
㉝ 从机头下俯、机翼水平、大速度飞机复杂状态中改出时，
a. 飞机不能失速。
b. 可选择使用安定面配平，但不是要求的。
c. 建立与所需空速相应的俯仰、推力和飞机构型，完成改出。
答案：c（2.6.3.2 节）

㉞ 从机头下俯、大坡度飞机复杂状态中改出时，

a. 如果超过 90°坡度，继续横滚至机翼水平。

b. 有必要通过减小带杆力卸载飞机。

c. 增加升降舵带杆力，同时开始朝机翼水平横滚。

答案：b（2.6.3.3 节）

㉟ 何时应开始改出复杂状态？

a. 仅当俯仰或坡度达到特定限制值时。

b. 仅当空速快速减小（增大）时。

c. 当发生非故意严重偏离计划的飞行航径和/或空速时。

答案：c（2.2 节）

㊱ 飞行员导致的振荡是

a. 飞行员在操纵上的循环动作引起的振荡，且飞机在相同方向上立即响应。

b. 飞行员在操纵上的循环动作引起的振荡，且飞机响应不同步。

c. 方向舵和副翼失去配平状态引起的振荡。

答案：b（2.4.3.8 节）

㊲ 起飞时推力不对称时，

a. 飞行员必须提前知道需要的方向舵配平量。

b. 飞行员必须以预定的方向舵量做出反应。

c. 飞行员必须使用偏航力矩确定的方向舵量以消除侧滑。

答案：c（2.5.5.4.3 节）

㊳ 方向舵用于

a. 控制偏航。

b. 在偏航阻尼系统故障时阻止荷兰滚。

c. 如果正常横滚控制失去/无效，产生横滚。

d. a 和 c。

答案：d（2.5.5.10 节）

㊴ 反复过大的方向舵脚蹬输入会

a. 大于 VA 时，造成结构损坏。

b. 小于 VA 时，造成结构损坏。

c. 小于 VA 时，不造成结构损坏。

d. a 和 b。

答案：d（2.5.5.12 节）

㊵ 方向舵限制器的作用是

a. 不管速度多少，允许一个方向上的方向舵脚蹬满舵，同时确保所需的方向舵效率。

b. 允许小于 VA 时的方向舵连续输入。

c. 确保结构问题，但限制高速（大于 VA）时所需的方向舵效率。

答案：a（2.5.5.10 节）

㊶ 构型机动飞行速度

a. 提供略微超出运行限制包线飞行时的缝翼/襟翼结构保护。

b. 确定飞机可在给定构型下飞行的最小速度。

c. 确定确保 1.2VS 裕度的最小速度。

答案：b（2.5.3 节）

㊷ 当以恒定空速恒定推力值在高高度（通常高于 FL250）低于最大升阻比速度低速运行时，除非增加推力，否则任何引起空速下降的干扰将导致空速进一步下降。从高高度低速转弯飞行中改出的最好做法是

a. 增加推力以阻止减速。

b. 增加推力以增速到最大升阻比速度以上。

c. 增加推力至最大可用推力，减小坡度，同时增速至最大升阻比速度以上。在推力限制情况下，退出低速飞行将需要立即下降，因为很快会出现空气动力失速。

d. 以上全部。

e. 以上不是。

答案：c（2.5.5.11.2.5 节）

㊸ 最大高度是飞机可运行的最高高度。在当今现代飞机中，该值由各机型独特的基本特征确定。飞机的最大高度是

a. 最大审定高度——在审定中确定、通常由机身压力载荷限制设定的高度。

b. 推力限制高度——具有充足的推力提供特定最小爬升率的高度。

c. 抖振或机动飞行限制高度——存在抖振开始前的特定机动裕度的高度。

d. 上述高度中最高值。

e. 上述高度中最低值。

答案：e（2.5.5.11.2.6 节）

㊹ 在高高度，装载靠后的飞机将

a. 对于操纵压力的反应更敏感，因为与装载靠前相比，稳定性更差。

b. 对于操纵压力的反应敏感性更差，因为从重心到尾翼的力矩更长。

c. 对于操纵压力的反应与装载靠前的飞机是一样的。现代喷气飞机的重心位置对于操纵品质不重要。

答案：a（2.5.5.11.3 节）

5. MA600 模拟机训练大纲

（1）FTD1 机动训练。

（2）FTD2 复杂状态改出训练（重点）。

（3）FTD3 基于能力的 UPRT（短程）。

1）FTD1 机动训练

（1）课程目的。

本课程主要是教导学员，使其具有充足的知识和技能操作飞机，了解和掌握飞机在备份法则和直接法则下的手动特性，也包含环境因素、尾流因素、机械/系统因素和人为因素对飞机进入复杂状态的影响。本课程也是复杂状态改出技术的组成部分。

（2）进入条件。

完成 UPRT 地面课程。

（3）复习讲评内容。

UPRT 地面课“5.飞机复杂状态原因”（5.1 章节—5.4 章节）；

UPRT 地面课“6.飞行基础知识”（6.1 章节—6.8 章节）。

（4）训练内容。

① 飞机手动特性训练。

a. 俯仰特性。

在不同速度，构型，和收放襟翼下演示飞机俯仰效率。同时，如果飞行量有明显不同，演示 CG 最前和最后的俯仰效率。

目的：体验不同速度，不同高度飞机的俯仰效率。

推力变化对俯仰的影响。

演示飞机在低/高速，低/高空时，推力明显变化对飞机俯仰影响。

先从低高度，演示飞机着陆形态最小速度，洁净形态 180 kt，V_{max}。

再从高高度，演示飞机洁净形态最小速度，V_{max}。

目的：体验飞机在不同速度和高度下推力变化对飞机俯仰的影响，也体验边缘的俯仰操纵特性。

b. 滚转特性。

演示飞机在不同速度，不同构型下和收放扰流板下的滚转效率。

目的：演示什么是飞机全行程的滚转特性。

c. 方向舵演示。

（方向舵演示不是用来培养这种操作技能，而是为了强调使用方向舵对飞机的反应，过量和不及时用舵的危害性）

如果飞机需要滚转并且正常滚转操纵已经完全丢失，才需要在一定方式下使用方向舵（方向舵并不常用）。

在不同高度使用方向舵，来产生预期的坡度。

目的：飞行员需要清楚不当使用方向舵的危害。这项演示是为了阐明要非常小心使用方向舵来行程小的坡度。然而，演示的目的是强调使用方向舵太快或抵舵太久会导致横侧和方向操纵失控，并且也会导致结构损坏。

d. 能量管理。

- 发动机性能。

演示飞机在低中高度平飞或下降，从 150 kt 加速到 200 kt（记录加速的时间）。

目的：演示和强调飞机在高空时可用推力的减小。

- 飞机加速性。

演示飞机在第二速度范围内在低/高空的加速性能。

观察可用推力的特性（如果可用推力不能再加速，那么就用下降增速）。

目的：演示飞机在低/高空，从第二速度范围改出时技术上存在的潜在不同。

• 高空发动机功率管理。

演示飞机在高空最大巡航/爬升/最大连续油门。

给飞行员强调，发动机在高空可用功率模式之间的关系。

目的：教会飞行员最大功率在最大高度并不会产生比巡航推力更多的推力功率。

• 高空能量管理。

演示飞机在使用推力时出现的下降和加速性能。

观察加速下降与之前演示仅使用推力的缓慢下降，这项训练是为了让飞行员明白应使用升降舵，而不是推力手柄来获得能量状态。

目的：演示飞机在高空减速的时候是无法提供动力的。

e. 抖振。

演示飞机在低速抖振的进入。强调飞机的过载会导致情况恶化。

目的：教会飞行员正确识别低/高速抖振时不同的改出技术。

② 环境影响的特性训练。

a. 山地波，滚轴云，水平/垂直风切变。

演示飞机在高空快速风切变对飞机的影响。

目的：环境因素也是导致高空复杂状态原因之一。

b. 积冰影响。

由于缺乏监控，飞机积冰后导致无意的低能量状态。

演示正确使用 SOP 监控飞机能量，能识别并避免飞机性能持续衰减，并且采取必要的修正使飞机回到可接受的能量范围。

目的：飞行机组必须在任何可视的情况下发现积冰条件（云，能见度小于 1 英里的雾，雨，雨夹雪，冰晶），积冰条件在温度低于 OEM 指导值以下也会出现。

尽管不像目视检查那么明显，对爬升率和速度的密切监视也能用来监测是否存在积冰条件。

（AUPRTA Rev3 8.4.2 详细描述了积冰情况）

③ 尾流训练。

在重型机后起飞和进近。

演示飞机是如何快速滚转的。

目的：飞行员对尾流的反应，是受尾流对飞机影响的意识、对飞机不同滚转性能的理解和飞机重力而影响的。

④ 机械/系统问题的训练。

滚转，偏航和俯仰失效会导致复杂状态。

演示每个轴操纵失效后会导致复杂状态。训练会表现出具体机型的失效模块，比如液压/自动驾驶失效。

目的：具体机型训练会说明操纵失效会怎么导致复杂状态和怎样处置，比如：方向舵满偏/失控或卡阻或失控的操纵面。

⑤ 人因训练。

a. 情景意识丢失。

情景意识的丢失会导致操纵丢失。

强调情景意识丢失如何导致操纵丢失。比如，丢失 A/P，误使用配平，不对称推力，因为温度变化在过高高度的操作导致速度丢失，在一发监控后忘记重新接通 A/P。

目的：近期的事故表明一些机组没有积极有效监控他们的飞机能量和理解系统逻辑。

b. 自动飞行系统问题训练。

由于误操作或未对飞机进行充分监控，导致飞机进入非预期的低能量状态或失速。

演示自动飞行系统是如何被滥用，而导致飞机在无意中丢失空速和/或过大的上仰姿态。这个训练专门针对飞机进行的培训，以正确反映机组人员可用的模式和指示。比如，在爬升/意外断开自动推力时，使用垂直速度模式。

目的：具体机型训练阐述了自动飞行系统会出现低能量状态而导致复杂状态，并且阐述了通过恰当的使用方式和监控这些系统如何防止复杂状态。

2）FTD2 复杂状态改出训练

（1）课程目的。

帮助学员识别并证实飞机复杂状态，获得操纵复杂状态飞机的自信和知识，顺利应用正确的飞机复杂状态改出技术。

（2）进入条件。

完成 FTD1。

（3）复习讲评内容。

UPRT 地面课“7.飞机复杂状态的改出”。

（4）训练内容。

① 执行复杂状态简令。

a. 情景分析过程：

情景喊话；

观察坡度指示器；

确定俯仰姿态；

参考其他指示器证实姿态；

能量评估。

b. 在确定复杂状态原因前控制飞机。

c. 使用全行程操纵。

d. 反直觉因素。

e. 载荷因素。

f. 自动化的使用。

g. 机头上仰和机头下俯复杂状态的改出技术。

h. 模拟机限制：

迎角、侧滑和逼真度；

承受的力。

② 复杂状态改出练习。

注：UPRT 的重点在于对复杂状态的认识和预防。

在操纵上可能会全行程进行柔和全面操纵，并且过量或不当操纵，会导致更恶劣的情况发生。

一般步骤：

<table>
<tr><td rowspan="3">1. 情景意识和能量评估</td><td colspan="2">（1）积极监控飞机；
（2）机组对当前状态沟通确认</td></tr>
<tr><td colspan="2">（3）交叉检查，分析复杂状态。
① 评估能量和趋势；
② 确定姿态；
③ 机组交流</td></tr>
<tr><td colspan="2">（4）宣布状态：“机头上仰/下俯”</td></tr>
<tr><td colspan="3">2. 抑制</td></tr>
<tr><td rowspan="6">3. 改出</td><td>机头上仰</td><td>机头下俯</td></tr>
<tr><td>（1）按需断开 A/P，FD</td><td>（1）按需断开 A/P，FD</td></tr>
<tr><td>（2）稳杆（获得下俯率）</td><td>（2）稳杆（卸载）</td></tr>
<tr><td>（3）推力按需（可能需要减小推力以获得低头趋势）</td><td>（3）滚转（使用盘）</td></tr>
<tr><td>（4）滚转（使用盘）</td><td>（4）推力按需，减速板（防超速）</td></tr>
<tr><td>（5）恢复平飞（俯仰，坡度，推力）</td><td>（5）恢复平飞（俯仰，坡度，推力）</td></tr>
<tr><td colspan="3">4. 评估损坏和状况，改进操纵性，验证飞机性能</td></tr>
</table>

详细描述见本课程附录“UPRT 模拟机训练大纲 FTD2 一般步骤”。

科目：区分低速失速的改出。

③ 训练后，教员应指出：

- 改出技术是一个逻辑性过程，而不是必需的程序；
- 这些改出技术都是指导性意见，飞行员在考虑和使用的时候需要根据当前的状态；
- 一旦开始改出，并不是所有动作都必须执行；
- 飞机如果没有失速并且滚转操纵效率不足，那么应该小心使用升降舵（杆）来辅助滚转（卸载）；
- 应该多关注飞机持续的失速警告，如间或的抖振，俯仰横滚操纵效率降低，不可控的下降率；
- 飞机改出后，飞行机组应评估可能发生的任何损坏和当前飞机状况，并且基于飞

机状况可以改进的操纵性，如调节重心、调节 Flaps、起落架、减速板、配平、下降高度等，这些改进操纵性的方法同时也在验证飞机性能。

附录 UPRT 模拟机训练大纲 FTD2 一般步骤

（1）情景意识和能量评估。

① 积极监控飞机（可以有效预防复杂状态）。

② 机组对当前状态沟通确认。

③ 交叉检查，分析复杂状态：使用 PFD 和 ATI，飞机性能仪表和外界状态进行分析。（其他姿态来源：备用姿态仪，PM 的仪表，姿态仪上的颜色蓝色的天空和棕色的地面，地平线，极端姿态下 sky 指示器，坡度显示）

复杂状态分析应按以下 3 个步骤进行：评估能量和趋势（能量分析应该包括，但不限于高度，速度，姿态，过载，功率设置，飞行操纵位置，减速板位置，增升装置，以及这些状态改变的速率），确定姿态（包括俯仰和坡度），进行机组交流。

通常情况下，下俯状态，空速增加，高度减小，显示下降率。

通常情况下，上仰状态，空速减小，高度增加，显示上升率。

④ 宣布状态："机头上仰/下俯"。

（2）抑制偏离。

（3）改出（机头上仰，机头下俯）。

① 机头上仰。

- A/P 按需断开（只要 A/P 正常，应该在正常包线内尽可能使用；一旦不能正确响应，就应该断开）。
- 稳杆（获得下俯率，低头）。

杆，可能需要全行程稳杆操纵。

配平，谨慎操纵，防止配平过量。

- 推力按需调整（可以减小推力来使飞机低头，一定注意推力对俯仰状态的影响）。
- 滚转。

坡度（盘），可以使用不超过 60°坡度使飞机低头。

方向舵，谨慎小量使用。

注意大迎角小速度的侧滑。

- 恢复平飞。

接近地平线改平机翼，检查速度调整推力，建立俯仰状态。

注：关于方向舵，如果俯仰和横滚操纵失效，方向舵可以产生坡度来改出复杂状态。方向舵仅仅需要小量使用，防止过快过久操纵方向舵，否则可能会导致横向和方向的失控和结构损坏。

② 机头下俯。

- A/P 按需断开（只要 A/P 正常，应该在正常包线内尽可能使用；一旦不能正确响应，就应该断开）。

- 优先按手册规定改出失速状态（减小迎角）。
- 滚转。

稳杆以减小过载，来获得有效的副翼操纵效率。（尤其是坡度大于 90°，需要稳杆减小过载）

全行程向最短改出方向压盘，改平机翼。

方向舵仅仅需要小量使用，防止过快过久操纵方向舵，否则可能会导致横向和方向的失控和结构损坏。

- 推力和减速板按需调整（防止超速）。
- 恢复平飞（一定注意低速失速和过载时高速抖振，配平可能要随着速度变化而重新调整，确认预期的速度、推力、减速板以建立预期的航空器状态）。

（4）区分低速失速的改出。

失速改出优先于复杂状态改出，“机头上仰”和“机头下俯”改出不包括失速，失速的改出应该遵循 OEM 的程序。

关键是要区分低速失速状态和上述的“机头上仰”和“机头下俯”。

3）FTD3 基于能力的 UPRT

（1）课程目的。

一次短航程 LOFT，让学员体验在实际航线中因各种原因可能出现的飞机复杂状态，运用课程所学习到的知识和技能：积极监控飞机从而有效预防和避免复杂状态，或飞机一旦进入复杂状态，采用课程所学知识和技能对飞机复杂状态改出。

（2）进入条件。

完成 FTD2。

（3）复习讲评内容。

TEM 威胁和差错的定义和分类和非预期航空器状态相关的基本知识。

UPRT 地面课“4. 监控（飞安《提升飞行监控品质的指导》）”。

教员引导下完成简易的航线准备。

（4）训练内容。

教员引导下完成飞行前飞机参数计算和设置。

起飞和爬升。

巡航（事件）。

参考设置：

事件 1 环境影响	设置空速传感器结冰堵塞，教员对飞机进行错误操纵进入复杂状态 NOSE HIGH/LOW
事件 2 机械/系统问题	关键发失效后教员误操纵飞机，导致飞机 NOSE HIGH/LOW
事件 3 人为因素	教员请求手动操纵，因客舱或其他外来影响使学员短暂丢失监控，教员假装无意识使飞机进入 NOSE HIGH/LOW

下降和进近。

着陆脱离。

（5）FTD3 LOFT 说明。

FTD3 应该倾向让学员体验航线过程中飞机进入复杂状态的可能性，并让学员运用之前课程学习的知识和技能，识别和避免飞机进入复杂状态。在巡航设置的事件中，一旦学员发现进入复杂状态的征兆并提出和抑制飞机偏离，那么教员就不应该再继续事件，因为再继续事件使飞机进入复杂状态已经没有训练的必要性了，只会单纯增加改出技术的熟练度，甚至会造成学员的负面影响。强调预防和避免是本课程的重点，当学员没有意识到事件因素，导致飞机进入复杂状态，事件结束后教员应该暂停训练器，重点帮助学员分析未能识别的原因。

在场景中对胜任力的评估：

① 知识。

拥有对限制和系统的实际的可用的知识框架，并清楚他们之间的交互；

具备物理环境，空中交通环境，包括航路，天气，机场与运行设施的知识；

具备可用法则的配套知识；

高效的应用知识。

② 情景意识。

准确判明和评估航空器及其系统的状态；

准确判明航空器的位置和其周围环境；

为意外事件指定“what if”的一些场景和预案；

明确对航空器和人员安全的威胁，并采取适宜措施。

③ 人工控制-航径管理。

根据情况对航空器进行精确平稳的人工操纵；

发现与期望航空器航迹的偏差并采取适当的动作；

将航空器控制在正常飞行包线之内；

仅通过运用航空器姿态，速度和推力之间的关系来安全控制航空器；

有效监控飞行指引系统，包括接通和自动模式转换。

（6）飞行后讲评。

需要涉及关于作风和态度的讲评，积极的监控是预防复杂状态重要的因素。知识的更新、能力的培养是积极监控的方法，是明白怎么监控和为什么监控的原理。但是，缺失了积极监控的作风和态度，就丢失了积极监控的内动力，因此作风和态度，是积极监控，预防飞机复杂状态的基础。培训效果的最终层次应该是思维变革，观念转化，心理调整。

训练专题	描述	期望的结果 开发在针对具体机型的多人制机组飞行模拟训练设备环境中预防失去操纵性和失速及从中改出的能力并增强这方面的信心	细节 如下清单和核心能力图并非详尽无遗，目的只在于为编制训练方案提供指导	应用程序	通信联系	飞行航空管理，自动化系统	飞行航径管理，人工操纵	领导和团队合作	问题解决和决策	情景意识	工作量管理
				核心能力图							
人的因素	了解和意识到并体验与差错直接相关的失去操纵性状况。 注：影响行为能力的直接因素被归类为认知；分散注意力	使受训人员体验与失去操纵性的预防与改出相关的具体人的因素问题并增强对这些问题的认知	差错管理								
			及时从差错管理转至失去操纵性管理（转换点）					x	x		
			监测、传递和使用关键词，如俯仰、倾斜、速度、卸载、推等		x			x		x	
航空器故障	影响航空器操纵或仪表设备的航空器系统故障，处理这些故障非常需要有一位技术娴熟的机组成员。这些故障应该独立于任何环境背景或运行背景来确定	开发对影响航空器操纵装置或仪表设备的航空器系统故障造成的影响进行处理的能力并增强这方面的信心	针对具体机型的飞行模拟训练设备：导致飞行操纵装置性能大幅降低的系统故障，加上不正常的操作特性和使用替代性飞行操纵战略，例如飞行操纵装置被卡、电传操纵装置性能出现某种程度的降低、除冰/防冰失效等	x	x	x	x	x			x
			需要使用性能降低的或替代性显示器对飞行航径进行监测和管理的系统故障，例如不可靠的主要飞行航径信息、不可靠的空速、自动化系统失灵等	x	x	x	x	x		x	x

附 6.3　大型后掠翼运输飞机（100 座及以上）复杂状态预防和改出——A320（1 h）

1. 概　述

A320 UPRT 大纲基于 ICAO 文件 10011，与 TEM 紧密联系，重点阐述了复杂状态预防的重要性，同时提供了复杂状态的改出技术指导。

2. 训练目标

（1）获得识别和避免复杂状态的知识。
（2）学习采取适当及时的措施以防止更大的飞行偏离。
（3）掌握基本的空气动力学。
（4）学习复杂状态的改出技术。

3. 组成部分说明

A320 UPRT 大纲由地面课和模拟机课组成，地面课内容涉及 8 个章节，包含了一个视频自学章节以回顾前 7 章学习内容。地面课结束后学员需要完成测试（具体答案参阅 AUPT Rev02），合格后才能进入模拟机训练。模拟机课涉及 3 课：FTD1 机动训练，FTD2 复杂状态改出训练和 FTD3 基于能力的 UPRT。模拟机课的重点在 FTD1 机动训练和 FTD2 复杂状态改出训练，而不是全面的基于胜任力的培训，所以学员应该更多倾向本大纲相关的胜任力。在 FTD3 基于能力的 UPRT 方面，学员更多应该体验和学习航线过程中飞机进入复杂状态的可能性，并运用之前课程学习的知识和技能，识别和避免飞机进入复杂状态。完整的航线训练在 FTD3 基于能力的 UPRT 中显得没有那么重要了。在模拟机课训练结束后，大纲没有设置常规的考察和评价，需要在飞行后讲评中为学员指出知识和技能的不足，尤其是相关的 3 项胜任力，以及在之后的飞行中如何提高相关的胜任力，警觉学员认识到自身的不足，指出良好的作风，态度可以帮助学员解决自身问题。

4. UPRT A320 地面课内容

（1）介绍。
（2）AUPRTA 目标。
（3）飞机复杂状态的定义。
（4）监控（飞安《提升飞行监控品质的指导》）。
（5）飞机复杂状态的原因。

① 环境因素。

② 系统异常因素。

③ 飞行员因素。

④ 飞机自动化使用不当。

（6）飞行基础知识。

① 飞行力学。

② 能量状态。

③ 气动飞行包线。

④ 空气动力学。

⑤ 飞机性能。

⑥ 积冰。

⑦ 自动化。

⑧ 发动机熄火。

（7）飞机复杂状态的改出。

（8）视频自学 1 h（含两个英文视频）。

（9）学员测试

① 引起飞机复杂状态的最主要原因是

a. 环境因素。

b. 飞机系统异常。

c. 飞行员因素。

答案：a（2.4.1 节）

② 绝大多数由环境因素引起的多发涡喷飞机失控事故征候是因为

a. 微下击暴流。

b. 风切变。

c. 飞机结冰。

d. 尾流。

答案：d（2.4.1 节）

③ 现代飞机技术减少飞行机组工作负担。因此，当开始从飞机复杂状态改出时，飞行员应

a. 证实自动驾驶和自动油门仍接通。

b. 接通自动驾驶和自动油门，如果是断开的。

c. 断开自动驾驶和自动油门以减小自动化水平。

d. 询问另一名驾驶员“飞机现在在做什么？”

答案：c（2.4.4 节）

④ 下列关于能量的说法正确的是

a. 动能随速度增加而减小。

b. 势能与速度基本成比例。

c. 化学能在飞行中保持不变。

d. 动能可与势能转换，势能也可与动能转换。

答案：d（2.5.2 节）

⑤ 飞机机动飞行的目标是管理能量，因此

a. 动能保持在限制内（失速和标牌）。

b. 势能保持在限制内（距抖振高度的地形）。

c. 化学能保持在特定门限值以上（不要耗尽燃油）。

d. 以上全部。

答案：d（2.5.2 节）

⑥ 飞机迎角是飞机纵轴与迎面气流之间的夹角。

a. 正确。

b. 错误。

答案：a（2.5.5.1 节）

⑦ 超过临界迎角，翼面将失速，升力将减小而不是增加。这是正确的：

a. 除非飞机处于机头下俯的姿态。

b. 只有空速低时。

c. 只有在飞机处于机头上仰姿态时。

d. 与飞机速度或高度无关。

答案：d（2.5.5.1 节）

⑧ 机翼失速迎角随马赫数_____而减小。

a. 减小。

b. 增加。

答案：b（2.5.5.1 节）

⑨ 飞机失速速度公布在经批准的各机型飞行手册中。这些速度是飞机重量的函数。因此，如果飞行员保持空速高于所列的飞机重量对应速度，飞机不会失速。

a. 正确。

b. 错误。

答案：b（2.5.5.1 节）

⑩ 副翼的大量向下偏转，

a. 可导致气流从大迎角机翼部分分离。

b. 当从飞机复杂状态改出时，不应使用。

c. 在大迎角时更有效。

答案：a（2.5.5.3 节）

⑪ 上反角是飞机横轴与穿过机翼中心的线之间形成的正角。下列哪个说法不正确？

a. 上反角有助于飞机的横向稳定性。

b. 当描述后掠翼和方向舵在横向稳定性的作用时，使用术语“上反效应”。

c. 具有上反角的机翼将在侧滑中产生稳定的横滚力矩。

d. 如果相对风来自飞机侧面，且飞机具有上反效应设计的机翼，迎风机翼升力减小。

答案：d（2.5.5.4.2 节）

⑫ 现代喷气运输飞机上的方向舵通常设计成

a. 在从失速改出中产生大侧滑的能力。

b. 抵消与低起飞速度发动机失效相关的偏航力矩。

c. 抵消副翼和扰流板产生的横滚力矩。

答案：b（2.5.5.4.3 节）

⑬ 当飞机已处于高速时，如果允许增加马赫数，将发生什么？

a. 流过飞机某些部位的气流开始超过音速。

b. 激波会导致局部气流分离。

c. 会发生上仰、下俯或抖振等特征。

d. 以上全部。

答案：d（2.5.5.5 节）

⑭ 正静稳定性定义为受干扰后返回初始未受干扰状态的初始趋势。

a. 正确。

b. 错误。

答案：a（2.5.5.6 节）

⑮ 围绕飞机横轴的运动称作

a. 偏航。

b. 横滚。

c. 俯仰。

d. 侧滑。

答案：c（2.5.5.7 节）

⑯ 下列说法始终正确的是？

a. 重力与飞机纵轴成 90°。

b. 升力必须始终对准重心。

c. 重力始终指向地球中心。

d. 飞行中重心不变。

答案：c（2.5.5.7 节）

⑰ 如果发动机未对正飞机重心，发动机推力改变将

a. 对俯仰力矩无影响。

b. 伴有俯仰力矩变化。

答案：b（2.5.5.7 节）

⑱ 在坡度转弯中为保持高度，飞机产生的升力必须：

a. 大于飞机重力，并且其大小为坡度函数。

b. 大于飞机重力，并且其大小为高度函数。

c. 等于飞机重力。

答案：a（2.5.5.7 节）

⑲ 水平机动中，副翼和扰流板有效性：

a. 随迎角增加而增加。

b. 随迎角增加而减小。

c. 是飞机绕垂直轴惯性的函数。

答案：b（2.5.5.9 节）

⑳ 水平机动中，副翼和扰流板有效性：

a. 上偏升降舵的影响是使转弯变小。

b. 在开始大的俯仰机动前，坡度应减小至接近水平。

c. 升力矢量应偏离重力矢量。

d. 以上全部。

e. a 和 b。

答案：d（2.5.5.8 节）

㉑ 如果飞行员在正常对称飞机状态满舵输入，将导致非常大的侧滑角和大的结构载荷。

a. 正确。

b. 错误。

答案：a（2.5.5.10 节）

㉒ 垂直轴稳定性倾向消除侧滑角。现代喷气运输飞机在垂直轴上最具动态稳定性的是

a. 垂尾。

b. 方向舵。

c. 稳定增强系统/偏航阻尼器。

d. 飞行员横滚输入。

答案：c（2.5.5.10 节）

㉓ 飞机上作用的气动力不足（飞机失速）时，其轨迹将呈弹道，且可能飞行员难以指令姿态变化，直至：

a. 使用全部机头上仰升降舵。

b. 使用方向舵满舵输入。

c. 迎角减小时，作用在飞机上的重力产生足够的速度。

d. 达到更低的高度。

答案：c（2.5.5.11 节）

㉔ 在超过高速限制的情况中，改出动作应小心迅速，且可能包括

a. 使升力矢量偏离重力矢量。

b. 减小推力。

c. 增加阻力。

d. 以上全部。

答案：d（2.5.5.11 节）

㉕ 下列关于改出飞机复杂状态的说法正确的是？

a. 动作正确及时。

b. 应先改出再查找复杂状态原因。

c. 重新获得并保持飞机操纵是最重要的。

d. 以上全部。

答案：d（2.6.1 节）

㉖ 一个好的飞机复杂状态分析过程包括

a. 观察坡度指示器。

b. 确定俯仰姿态。

c. 参考其他指示器证实姿态。

d. 评估飞机能量。

e. 以上全部。

答案：e（2.6.1 节）

㉗ 从飞机复杂状态改出中，

a. 飞行员必须非常小心保持至少 1g 过载。

b. 高度应始终保持。

c. 从一架飞机上的训练和经验总是可转换到其他飞机上。

d. 飞行员必须准备使用全部操纵效能。

答案：d（2.6.6.2、3、5 节）

㉘ 失速始终伴随着持续失速警告，其特征是

a. 抖振，可能很严重。

b. 俯仰效能不足。

c. 横滚效能不足。

d. 无法阻止下降率。

e. 以上全部。

答案：e（2.6.3 节）

㉙ 下列哪种说法是正确的？

a. 失速是可控的状态。

b. 接近失速警告是不可控状态。

c. 从接近失速警告改出与从失速中改出一样。

d. 为从机头下俯的失速中改出，必须减小迎角。

答案：d（2.6.3 节）

㉚ 当开始实施推荐的飞机复杂状态改出技术时，前两项技术是

a. 保持高度并使用额外推力。

b. 减小迎角并完成机翼水平机动飞行。

c. 识别并证实情况，断开自动驾驶和自动油门。

d. 确定失效，并断开自动驾驶和自动油门。

答案：c（2.6.3.1、2、3 节）

㉛ 在机头上仰、机翼水平的飞机复杂状态中，完成前两项推荐技术后：

a. 使用满偏升降舵使机头向下，并考虑配平以消除一些操纵力。

b. 立即横滚进入 60°坡度。

c. 保持至少 1 g 过载。

d. 立即建立侧滑以保持至少 1 g 过载。

答案：a（2.6.3.1 节）

㉜ 在机头上仰、机翼水平的飞机复杂状态中，当使用横滚无效而决定使用方向舵时，

a. 仅使用小量。

b. 使用方向舵不要太快。

c. 不要保持使用方向舵太久。

d. 不正确使用方向舵可能导致失去水平和方向控制。

e. 由于处于低能量状态，必须特别小心。

f. 以上全部。

答案：f（2.6.3.1 节）

㉝ 从机头下俯、机翼水平、大速度飞机复杂状态中改出时，

a. 飞机不能失速。

b. 可选择使用安定面配平，但不是要求的。

c. 建立与所需空速相应的俯仰、推力和飞机构型，完成改出。

答案：c（2.6.3.2 节）

㉞ 从机头下俯、大坡度飞机复杂状态中改出时，

a. 如果超过 90°坡度，继续横滚至机翼水平。

b. 有必要通过减小带杆力卸载飞机。

c. 增加升降舵带杆力，同时开始朝机翼水平横滚。

答案：b（2.6.3.3 节）

㉟ 何时应开始改出复杂状态？

a. 仅当俯仰或坡度达到特定限制值时。

b. 仅当空速快速减小（增大）时。

c. 当发生非故意严重偏离计划的飞行航径和/或空速时。

答案：c（2.2 节）

㊱ 飞行员导致的振荡是

a. 飞行员在操纵上的循环动作引起的振荡，且飞机在相同方向上立即响应。

b. 飞行员在操纵上的循环动作引起的振荡，且飞机响应不同步。

c. 方向舵和副翼失去配平状态引起的振荡。

答案：b（2.4.3.8 节）

㊲ 起飞时推力不对称时，

a. 飞行员必须提前知道需要的方向舵配平量。

b. 飞行员必须以预定的方向舵量做出反应。

c. 飞行员必须使用偏航力矩确定的方向舵量以消除侧滑。

答案：c（2.5.5.4.3 节）

㊳ 方向舵用于

a. 控制偏航。

b. 在偏航阻尼系统故障时阻止荷兰滚。

c. 如果正常横滚控制失去/无效，产生横滚。

d. a 和 c。

答案：d（2.5.5.10 节）

㊴ 反复过大的方向舵脚蹬输入会

a. 大于 VA 时，造成结构损坏。

b. 小于 VA 时，造成结构损坏。

c. 小于 VA 时，不造成结构损坏。

d. a 和 b。

答案：d（2.5.5.12 节）

㊵ 方向舵限制器的作用是

a. 不管速度多少，允许一个方向上的方向舵脚蹬满舵，同时确保所需的方向舵效率。

b. 允许小于 VA 时的方向舵连续输入。

c. 确保结构问题，但限制高速（大于 VA）时所需的方向舵效率。

答案：a（2.5.5.10 节）

㊶ 构型机动飞行速度

a. 提供略微超出运行限制包线飞行时的缝翼/襟翼结构保护。

b. 确定飞机可在给定构型下飞行的最小速度。

c. 确定确保 1.2VS 裕度的最小速度。

答案：b（2.5.3 节）

㊷ 当以恒定空速恒定推力值在高高度（通常高于 FL250）低于最大升阻比速度低速运行时，除非增加推力，否则任何引起空速下降的干扰将导致空速进一步下降。从高高度低速转弯飞行中改出的最好做法是

a. 增加推力以阻止减速。

b. 增加推力以增速到最大升阻比速度以上。

c. 增加推力至最大可用推力，减小坡度，同时增速至最大升阻比速度以上。在推力限制情况下，退出低速飞行将需要立即下降，因为很快会出现空气动力失速。

d. 以上全部。

e. 以上不是。

答案：c（2.5.5.11.2.5 节）

㊸ 最大高度是飞机可运行的最高高度。在当今现代飞机中，该值由各机型独特的基本特征确定。飞机的最大高度是

a. 最大审定高度——在审定中确定、通常由机身压力载荷限制设定的高度。

b. 推力限制高度——具有充足的推力提供特定最小爬升率的高度。

c. 抖振或机动飞行限制高度——存在抖振开始前的特定机动裕度的高度。

d. 上述高度中最高值。

e. 上述高度中最低值。

答案：e（2.5.5.11.2.6 节）

㊹ 在高高度，装载靠后的飞机将

a. 对于操纵压力的反应更敏感，因为与装载靠前相比，稳定性更差。

b. 对于操纵压力的反应敏感性更差，因为从重心到尾翼的力矩更长。

c. 对于操纵压力的反应与装载靠前的飞机是一样的。现代喷气飞机的重心位置对于操纵品质不重要。

答案：a（2.5.5.11.3 节）

5. UPRT A320 模拟机训练大纲

（1）FTD1 机动训练。

（2）FTD2 复杂状态改出训练（重点）。

（3）FTD3 基于能力的 UPRT（短程）。

1）FTD1 机动训练

（1）课程目的。

本课程主要是教导学员，使其具有充足的知识和技能操作飞机，了解和掌握飞机在备份法则和直接法则下的手动特性，也包含环境因素、尾流因素、机械/系统因素和人为因素对飞机进入复杂状态的影响。本课程也是复杂状态改出技术的组成部分。

（2）进入条件。

完成 UPRT 地面课程。

（3）复习讲评内容。

UPRT 地面课“5.飞机复杂状态原因”（5.1 章节—5.4 章节）；

UPRT 地面课“6.飞行基础知识”（6.1 章节—6.8 章节）。

（4）模拟机参考设置 ZUUU20R。

① 飞机设置。

	Quantities	Normal
A/C Set	ZW	57.5T
	FW	16T
	CG	24.9%MAC
	ZG	27.7%MAC

② 环境设置 CAVOK。

General atmosphere	QNH	1 013 hPa
	QFE	955 hPa
	Wind	0/0
	Ground Tem	12 °C
	Dew point	0 °C

③ 飞行复位点设置。

A/C Reposition		1	2	3	4
	Name	6 000 ft	18 000 ft	30 000 ft	39 800 ft
	LAT/LON	Free	Free	Free	Free
	Heading	Free	Free	Free	Free
	Altitude	6 000 ft	18 000 ft	30 000 ft	39 800 ft
	Airspeed	250 kt	250 kt	250 kt	245 kt
	Flaps	0	0	0	0
	Gear	Up	Up	Up	Up

（5）训练内容。

① 飞机手动特性训练。

a. 俯仰特性。

在不同速度、构型和收放襟翼下演示飞机俯仰效率。同时，如果飞行量有明显不同，演示 CG 最前和最后的俯仰效率。

VLS，绿点速度，250 kt IAS，V_{max}。

目的：体验不同速度，不同高度飞机的俯仰效率。

参考设置：

分别操纵飞机俯仰	ALT 6 000 ft	VLS	绿点速度	250 kt	V_{max}	Flaps 1-4
	ALT 30 000 ft	VLS	绿点速度	250 kt	V_{max}	No Flaps

在同一高度，速度，构型下，改变飞机 CG，Min13%MAC 到 Max45%MAC，观察飞机在正常/备份法则和直接法则下对飞机不同的影响。

演示飞机在低/高速、低/高空时，推力明显变化对飞机俯仰影响：

先从低高度，演示飞机着陆形态 α floor，洁净形态 250 kt，V_{max}；

再从高高度（25000 ft 及以上），演示飞机洁净形态 α floor，V_{max}。

（注意：A320 在正常法则和备份法则时，飞机会根据推力的变化自动配平飞机，因此推力变化演示应该在直接法则下演示）

目的：体验飞机在不同速度和高度下推力变化对飞机俯仰的影响，也体验边缘的俯仰操纵特性。

参考设置：

推力 IDLE 到 TOGA	ALT 6 000 ft	着陆形态 α floor	250 kt 洁净形态	V_{max}
	ALT 30 000 ft	洁净形态 α floor	EMPTY	V_{max}

b. 滚转特性。

演示飞机在不同速度，不同构型下和收放扰流板下的滚转效率。

VLS，绿点速度，250 kt IAS。

目的：演示什么是飞机全行程的滚转特性。

参考设置：

全行程压盘滚转	ALT 6 000 ft	VLS	绿点速度	250 kt	Flaps1-4
	ALT 30 000 ft	VLS	绿点速度	250 kt	No Flaps

c. 方向舵演示。

（方向舵演示不是用来培养这种操作技能，而是为了强调使用方向舵对飞机的反应，过量和不及时用舵的危害性）

如果飞机需要滚转并且正常滚转操纵已经完全丢失，才需要在一定方式下使用方向舵（方向舵并不常用）。

在不同高度使用方向舵，来产生预期的坡度。

目的：飞行员需要清楚不当使用方向舵的危害。这项演示是为了阐明要非常小心使用方向舵来行程小的坡度。然而，演示的目的是强调使用方向舵太快或抵舵太久会导致横侧和方向操纵失控，并且也会导致结构损坏。

参考设置：

仅使用方向舵 产生不大于25°坡度	ALT 6 000 ft
	ALT 30 000 ft

d. 能量管理。

- 发动机性能。

演示飞机在低中高度平飞或下降，从 200 kt 加速到 250 kt（记录加速的时间），高空转化成马赫数或改变 50 kt 时的时间。

目的：演示和强调飞机在高空时可用推力的减小。

参考设置：

记录所需时间，使用 TOGA 推力增速	ALT 6 000 ft	200 ~ 250 kt
	ALT 18 000 ft	240 ~ 290 kt
	ALT 30 000 ft	240 ~ 290 kt

- 飞机加速性。

演示飞机在第二速度范围内在低/高空的加速性能。

观察可用推力的特性（如果可用推力不能再加速，那么就用下降增速）。

目的：演示飞机在低/高空，从第二速度范围改出时技术上存在的潜在不同。

参考设置：

TOAG 推力增速/当可用推力无法加速时，使用下降增速	ALT 6 000 ft	VLS—绿点速度
	ALT 30 000 ft	VLS—绿点速度

- 高空发动机功率管理。

演示飞机在高空最大巡航/爬升/最大连续推力和 TOGA 推力。

给飞行员强调，发动机在高空可用推力模式之间的关系。

目的：教会飞行员 TOGA 推力在最大高度并不会产生比巡航推力更多的推力功率。

参考设置：

使用 CL/MCT/TOGA 推力	ALT 39 800 ft

- 高空能量管理。

演示飞机在使用推力时出现的下降和加速性能。

观察加速下降与之前演示仅使用推力的缓慢下降，这项训练是为了让飞行员明白应使用升降舵，而不是推力手柄来获得能量状态。

目的：演示飞机在高空减速的时候是无法提供动力的。

e. 抖振。

演示高速抖振和低速抖振。

演示飞机在低/高速抖振的进入。强调飞机的过载会导致情况恶化。在高空断开 A/P，演示飞机从平飞逐渐增加坡度时发生抖振。

目的：教会飞行员正确识别低/高速抖振时不同的改出技术。

参考设置：

逐渐增加坡度	ALT 30 000 ft	V_{max}

② 环境影响的特性训练。

a. 山地波，滚轴云，水平/垂直风切变。

演示飞机在高空快速风切变对飞机的影响。

目的：环境因素也是导致高空复杂状态原因之一。

参考设置

模拟机中心 A320 动模和固模目前仅能训练风切变，并且仅限低空，因此暂时不能执行。

b. 积冰影响。

由于缺乏监控，飞机积冰后导致无意的低能量状态。

演示正确使用 SOP 监控飞机能量，能识别并避免飞机性能持续衰减，并且采取必要的修正使飞机回到可接受的能量范围。

目的：飞行机组必须在任何可视的情况下发现积冰条件（云，能见度小于 1 NM 的雾，雨，雨夹雪，冰晶），积冰条件在温度低于 OEM 指导值以下也会出现。

尽管不像目视检查那么明显，对爬升率和速度的密切监视也能用来监测是否存在积冰条件。

（AUPRTA Rev3 8.4.2 详细描述了积冰情况）

参考设置：

模拟机积冰设置激活	ALT 30 000 ft	250 kt

③ 尾流训练。

在重型机后起飞和进近。

演示飞机是如何快速滚转的。

目的：飞行员对尾流的反应，是受尾流对飞机影响的意识，对飞机不同滚转性能的理解和飞机重量而影响的。

参考设置：

模拟机中心 A320 动模和固模不能执行。

④ 机械/系统问题的训练。

滚转，偏航和俯仰失效会导致复杂状态。

演示每个轴操纵降级或失效后会导致复杂状态。训练会表现出具体机型的失效模块，比如液压/电传/自动驾驶失效。

目的：具体机型训练会说明操纵失效会怎么导致复杂状态和怎样处置，比如：方向舵满偏/失控或卡阻或失控的操纵面。

参考设置：

模拟机中心设置“malfunction index”——“ATA27 FLT control system”任意故障。

⑤ 人因训练。

a. 情景意识丢失。

情景意识的丢失会导致操纵丢失。

强调情景意识丢失如何导致操纵丢失。比如，丢失 A/T，误使用配平，不对称推力，因为温度变化在过高高度的操作导致速度丢失，在一发监控后忘记重新接通 A/T。

目的：近期的事故表明一些机组没有积极有效监控他们的飞机能量和理解系统逻辑。

b. 自动飞行系统问题训练。

由于误操作或未对飞机进行充分监控，导致飞机进入非预期的低能量状态或失速。

演示自动飞行系统是如何被滥用，而导致飞机在无意中丢失空速和/或过大的上仰姿态。这个训练专门针对飞机进行的培训，以正确反映机组人员可用的模式和指示。比如，在爬升/意外断开自动推力时，使用垂直速度模式。

目的：具体机型训练阐述了自动飞行系统会出现低能量状态而导致复杂状态，并且阐述了通过恰当的使用方式和监控这些系统如何防止复杂状态。

参考设置：

断开 A/T 情况下，使用 VS 模式爬升。

2）FTD2 复杂状态改出训练

（1）课程目的。

帮助学员识别并证实飞机复杂状态，获得操纵复杂状态飞机的自信和知识，顺利应用正确的飞机复杂状态改出技术。

（2）进入条件。

完成 FTD1。

（3）复习讲评内容。

UPRT 地面课“7.飞机复杂状态的改出”。

（4）模拟机参考设置 ZUUU20R。

① 飞机设置。

A/C Set	Quantities	Normal
	ZW	57.5T
	FW	16T
	CG	24.9%MAC
	ZG	27.7%MAC

② 环境设置 CAVOK。

General atmosphere	QNH	1 013 hPa
	QFE	955 hPa
	Wind	0/0
	Ground Tem	12 °C
	Dew point	0 °C

③ 飞行复位点设置。

A/C Reposition	Name	30 000 ft
	LAT/LON	Free
	Heading	Free
	Altitude	30 000 ft
	Airspeed	250 kt
	Flaps	0
	Gear	Up

（5）训练内容。

① 执行复杂状态简令。

a. 情景分析过程：

情景喊话；

观察坡度指示器；

确定俯仰姿态；

参考其他指示器证实姿态；

能量评估。

b. 在确定复杂状态原因前控制飞机。

c. 使用全行程操纵。

d. 反直觉因素。

e. 过载因子。

f. 自动化的使用。

g. 机头上仰和机头下俯复杂状态的改出技术。

h. 模拟机限制。

迎角、侧滑和逼真度；

承受的力。

参考设置：

引导学员完成简令以增强情景意识。

② 复杂状态改出练习。

改出复杂状态（A320电传飞机可以很大程度帮助飞行员改出，但是一旦降级，就可以考虑使用空气动力原理，进行下列步骤进行改出）

注：UPRT的重点在于对复杂状态的认识和预防。

在操纵上可能会全行程进行柔和全面操纵，并且过量或不当操纵，会导致更恶劣的情况发生。

一般步骤：

<table>
<tr><td rowspan="3">1. 情景意识和能量评估</td><td colspan="2">（1）积极监控飞机；
（2）机组对当前状态沟通确认</td></tr>
<tr><td colspan="2">（3）交叉检查，分析复杂状态。
① 评估能量和趋势；
② 确定姿态；
③ 机组交流</td></tr>
<tr><td colspan="2">（4）宣布状态：“机头上仰/下俯”</td></tr>
<tr><td colspan="3">2. 抑制</td></tr>
<tr><td rowspan="6">3. 改出</td><td>机头上仰</td><td>机头下俯</td></tr>
<tr><td>（1）按需断开A/P，A/T</td><td>（1）按需断开A/P，A/T</td></tr>
<tr><td>（2）稳杆（获得下俯率）</td><td>（2）稳杆（卸载）</td></tr>
<tr><td>（3）推力按需（可能需要减小推力以获得低头趋势）</td><td>（3）滚转（使用盘）</td></tr>
<tr><td>（4）滚转（使用盘）</td><td>（4）推力按需，减速板（防超速）</td></tr>
<tr><td>（5）恢复平飞（俯仰，坡度，推力）</td><td>（5）恢复平飞（俯仰，坡度，推力）</td></tr>
<tr><td colspan="3">4. 评估损坏和状况，改进操纵性，验证飞机性能</td></tr>
</table>

详细描述见本课程附录“UPRT 模拟机训练大纲 FTD2 一般步骤”。

科目：机头上仰。

参考设置：

A/C reposition	法则	俯仰姿态	坡度	推力
30 000 ft	备份法则	30°上仰	0°	CL or IDLE
30 000 ft	备份法则	30°上仰	30°	CL or IDLE
30 000 ft	备份法则	30°上仰	70°	CL or IDLE

教员在右座使飞机进入复杂状态，在交接操纵前暂停模拟机，引导学员完成复杂状态改出的一般步骤，待学员理解后接触暂停，交操纵给学员让其改出。增加学员熟练度，直至基本掌握正确步骤。

科目：机头下俯。

参考设置：

A/C reposition	法则	俯仰姿态	坡度	推力
30 000 ft	备份法则	15°下俯	0°	CL or IDLE
30 000 ft	备份法则	15°下俯	30°	CL or IDLE
30 000 ft	备份法则	15°下俯	70°	CL or IDLE

教员在右座使飞机进入复杂状态，在交接操纵前暂停模拟机，引导学员完成复杂状态改出的一般步骤，待学员理解后接触暂停，交操纵给学员让其改出。增加学员熟练度，直至基本掌握正确步骤。

科目：区分低速失速的改出。

参考设置：

A/C reposition	法则	推力	使飞机进入低速失速
30 000 ft	备份法则	IDLE	

教员在右座为学员演示飞机进入并改出失速。

③ 训练后，教员应指出：

- 改出技术是一个逻辑性过程，而不是必需的程序；
- 这些改出技术都是指导性意见，飞行员在考虑和使用的时候需要根据当前的状态；
- 一旦开始改出，并不是所有动作都必须执行；

- 飞机如果没有失速并且滚转操纵效率不足，那么应该小心使用升降舵（杆）来辅助滚转（卸载）;
- 应该多关注飞机持续的失速警告，如间或的抖振，俯仰横滚操纵效率降低，不可控的下降率；
- 飞机改出后，飞行机组应评估可能发生的任何损坏和当前飞机状况，并且基于飞机状况可以改进的操纵性，如调节重心、调节 Flaps、起落架、减速板、配平、下降高度等，这些改进操纵性的方法同时也在验证飞机性能。

附录　UPRT 模拟机训练大纲 FTD2 一般步骤

（1）情景意识和能量评估。

① 积极监控飞机（可以有效预防复杂状态）。

② 机组对当前状态沟通确认。

③ 交叉检查，分析复杂状态：使用 PFD 和 ATI，飞机性能仪表和外界状态进行分析。（其他姿态来源：备用姿态仪，PM 的仪表，姿态仪上的颜色蓝色的天空和棕色的地面，地平线，极端姿态下 sky 指示器，坡度显示）

复杂状态分析应按以下 3 个步骤进行：评估能量和趋势（能量分析应该包括，但不限于高度，速度，姿态，过载，功率设置，飞行操纵位置，减速板位置，增升装置，以及这些状态改变的速率），确定姿态（包括俯仰和坡度），进行机组交流。

一般情况下俯状态，空速增加，高度减小，显示下降率。

一般情况上仰状态，空速减小，高度增加，显示上升率。

④ 宣布状态："机头上仰/下俯"。

（2）抑制偏离。

（3）改出（机头上仰，机头下俯）。

① 机头上仰。

- A/P 和 A/T 按需断开（只要 A/P 和 A/T 正常，应该在正常包线内尽可能使用；一旦不能正确响应，就应该断开）。
- 稳杆（获得下俯率，低头）

杆，可能需要全行程稳杆操纵。

配平，谨慎操纵，防止配平过量。

- 推力按需调整（可以减小推力来使飞机低头，一定注意推力对俯仰状态的影响）。
- 滚转。

坡度（盘），可以使用不超过 60°坡度使飞机低头。

方向舵，谨慎小量使用。

注意大迎角小速度的侧滑。

- 恢复平飞。

接近地平线改平机翼，检查速度调整推力，建立俯仰状态。

注：关于方向舵，如果俯仰和横滚操纵失效，方向舵可以产生坡度来改出复杂状态。方向舵仅仅需要小量使用，防止过快过久操纵方向舵，否则可能会导致横向和方向的失控和结构损坏。

② 机头下俯。

- A/P 和 A/T 按需断开（只要 A/P 和 A/T 正常，应该在正常包线内尽可能使用；一旦不能正确响应，就应该断开）。
- 优先按手册规定改出失速状态（减小迎角）。
- 滚转。

稳杆以减小过载，来获得有效的副翼操纵效率。（尤其是坡度大于 90°，需要稳杆减小过载）

全行程向最短改出方向压盘，改平机翼。

方向舵仅仅需要小量使用，防止过快过久操纵方向舵，否则可能会导致横向和方向的失控和结构损坏。

- 推力和减速板按需调整（防止超速）。
- 恢复平飞（一定注意低速失速和过载时高速抖振，配平可能要随着速度变化而重新调整，确认预期的速度、推力、减速板以建立预期的航空器状态）。

（4）区分低速失速的改出。

失速改出优先于复杂状态改出，“机头上仰”和“机头下俯”改出不包括失速，失速的改出应该遵循 OEM 的程序。

关键是要区分低速失速状态和上述的“机头上仰”和“机头下俯”。

3）FTD3 基于能力的 UPRT

（1）课程目的。

一次短航程 LOFT，让学员体验在实际航线中因各种原因可能出现的飞机复杂状态，运用课程所学习到的知识和技能：积极监控飞机从而有效预防和避免复杂状态，或飞机一旦进入复杂状态，采用课程所学知识和技能对飞机复杂状态改出。

（2）进入条件。

完成 FTD2。

（3）复习讲评内容。

TEM 威胁和差错的定义和分类和非预期航空器状态相关的基本知识。

UPRT 地面课“4. 监控（飞安《提升飞行监控品质的指导》）”。

教员引导下完成简易的航线准备。

（4）模拟机参考设置 ZUUU20R—ZUCK02L。

① 飞机设置。

A/C Set	Quantities	Normal
	ZW	57.5T
	FW	16T
	CG	24.9%MAC
	ZG	27.7%MAC
	T/O Flaps	2

② 环境设置 Night。

General atmosphere	QNH	1 013 hPa
	QFE	955 hPa
	Wind	0/0
	Ground Tem	12 °C
	Dew point	0 °C

③ 飞机起始点 T/O Position。

④ 航线 ZUUU-OGOMO-南充-ANSAR-TOROD-ZUCK。

（5）训练内容。

教员引导下完成飞行前飞机参数计算和设置。

起飞和爬升。

巡航（事件）。

参考设置：

事件 1 环境影响	模拟法航 447 空难，空速传感器结冰堵塞，教员对飞机进行错误操纵进入复杂状态 NOSE HIGH/LOW
事件 2 机械/系统问题	DUAL IR FAILUER（2ND NOT SELF-DETECTED），直接法则后教员误配平飞机，导致飞机 NOSE HIGH/LOW
事件 3 人为因素	教员请求手动操纵，因客舱或其他外来影响使学员短暂丢失监控，教员假装无意识使飞机进入 NOSE HIGH/LOW

下降和进近。

着陆脱离。

（6）FTD3 LOFT 说明。

FTD3 应该倾向让学员体验航线过程中飞机进入复杂状态的可能性，并让学员运用之前课程学习的知识和技能，识别和避免飞机进入复杂状态。在巡航设置的事件中，一旦学员发现进入复杂状态的征兆并提出和抑制飞机偏离，那么教员就不应该再继续事件，因为再继续事件使飞机进入复杂状态已经没有训练的必要性了，只会单纯增加改出技术的熟练度，甚至会造成学员的负面影响。强调预防和避免是本课程的重点，当学员没有意识到事件因素，导致飞机进入复杂状态，事件结束后教员应该暂停训练器，重点帮助学员分析未能识别的原因。

在场景中对胜任力的评估：

① 知识。

拥有对限制和系统的实际的可用的知识框架，并清楚他们之间的交互；

具备物理环境，空中交通环境，包括航路，天气，机场与运行设施的知识；

具备可用法则的配套知识；

高效的应用知识。

② 情景意识。

准确判明和评估航空器及其系统的状态；

准确判明航空器的位置和其周围环境；

为意外事件指定“what if”的一些场景和预案；

明确对航空器和人员安全的威胁，并采取适宜措施。

③ 人工控制——航径管理。

根据情况对航空器进行精确平稳的人工操纵；

发现与期望航空器航迹的偏差并采取适当的动作；

将航空器控制在正常飞行包线之内；

仅通过运用航空器姿态，速度和推力之间的关系来安全控制航空器；

有效监控飞行指引系统，包括接通和自动模式转换。

（7）飞行后讲评。

需要涉及关于作风和态度的讲评，积极的监控是预防复杂状态重要的因素。知识的更新，能力的培养是积极监控的方法，是明白怎么监控和为什么监控的原理。但是，缺失了积极监控的作风和态度，就丢失了积极监控的内动力，因此作风和态度，是积极监控，预防飞机复杂状态的基础。培训效果的最终层次应该是思维变革，观念转化，心理调整。

训练专题	描述	期望的结果 开发在针对具体机型的多人制机组飞行模拟训练设备环境中预防失去操纵性和失速及从中改出的能力并增强这方面的信心	细节 如下清单和核心能力图并非详尽无遗，目的只在于为编制训练方案提供指导	应用程序	通信联系	飞行航空管理，自动化系统	飞行航径管理，人工操纵	领导和团队合作	问题解决和决策	情景意识	工作量管理
				核心能力图							
人的因素	了解和意识到并体验与差错直接相关的失去操纵性状况。 注：影响行为能力的直接因素被归类为认知；分散注意力	使受训人员体验与失去操纵性的预防与改出相关的具体人的因素问题并增强对这些问题的认知	差错管理								
			及时从差错管理转至失去操纵性管理（转换点）					x	x		
			监测、传递和使用关键词，如俯仰、倾斜、速度、卸载、推等		x			x		x	
航空器故障	影响航空器操纵或仪表设备的航空器系统故障，处理这些故障非常需要有一位技术娴熟的机组成员。这些故障应该独立于任何环境背景或运行背景来确定	开发对影响航空器操纵装置或仪表设备的航空器系统故障造成的影响进行处理的能力并增强这方面的信心	针对具体机型的飞行模拟训练设备：导致飞行操纵装置性能大幅降低的系统故障，加上不正常的操作特性和使用替代性飞行操纵战略，例如飞行操纵装置被卡、电传操纵装置性能出现某种程度的降低、除冰/防冰失效等	x	x	x	x	x			x
			需要使用性能降低的或替代性显示器对飞行航径进行监测和管理的系统故障，例如不可靠的主要飞行航径信息、不可靠的空速、自动化系统失灵等	x	x	x	x	x		x	x

参考文献

[1] 罗晓利. 飞行中人的因素[M]. 3 版. 成都：西南交通大学出版社，2002.

[2] 罗晓利. 机组资源管理[M]. 成都：西南交通大学出版社，2012.

[3] ICAO. Doc 10011 AN/506 Manual on aeroplane upset prevention and recovery training[S]. 2014.

[4] ICAO. Doc 9995 AN/497 Manual of evidence based training[S]. 2013.

[5] MURRAY，PATRICK，VARNEY，etc. Evidence-based training implementation guide[M]. IATA，2013.

结束语

经过 60 多年的飞行员培训历程，我国逐渐探索出符合中国国情的运输航空飞行员培训模式。随着技术更新、民航的高速发展，运输航空飞行员培训还需紧跟时代步伐，与时俱进。基于航司对现代飞行员所需能力的需求，探索新的运输航空飞行员培训方案，已经迫在眉睫。

当前，飞行员培训经历了基于科目，基于课程，基于知识、技能、态度的训练理念，正在向基于核心胜任力的训练理念转换。我们通过对基于核心胜任力的研究，把飞行员核心胜任力养成分为多个阶段，不仅符合学习规律和能力提升的客观需要，更为重要的是，把核心胜任力养成的理念，融入飞行员初始培训中，是飞行员全生命周期管理体系的基础性工作。在构建体系框架过程中，我们分析了 2014—2019 年国内飞行员培训机构的训练数据，形成“中国民用航空飞行人员胜任力训练数据分析报告”。以数据分析报告为基础，研究团队开发了一套可以满足基于胜任力培训要求的课程开发工具——飞行员核心胜任力培训指导手册。手册系统地阐述了核心胜任力的起源、相互关系、培训规律，能够为培训机构、训练中心提供核心胜任力课程的编制方法。

通过运用基于核心胜任力培训理念，编写和改进“航线运输驾驶员核心胜任力课程训练大纲”“教员资质能力提升训练课程”等，完善飞行员溯源管理体系，为民航运输航空飞行员培训全链条管理体系的建设，打下坚实基础。同时在此基础上，我们还需不断开拓创新，运用新方法、新理念，探索符运输航空飞行员培训的体系和标准，为解决世界民航运输航空飞行员培训面临的问题，提出中国方案，将“中国智造”转变为“世界标准”。

葛志斌